球形储罐检验检测应用图集

主　编　崔晓威　张克宏　李占斌
副主编　李文广　李　赵　张　磊
王　瑛　陈　娟　申红菊
薛永盛　郭素琴　李　婧

黄河水利出版社
·郑　州·

内 容 提 要

本图集包含 400m³、650m³、1000m³、1500m³、2000m³、3000m³ 混合式三带，2000m³、3000m³、5000m³ 混合式四带，5000m³ 混合式五带，200m³、400m³ 桔瓣式三带，400m³ 桔瓣式五带，1000m³ 桔瓣式五带等共 14 类球形储罐的示意图、宏观检测附图、壁厚测定附图、无损检测附图、硬度检测附图等五类，合计 140 个附图，覆盖面比较广，同时具有典型性、代表性。

本图集可以供读者学习绘制球形储罐检验检测附图，同时可以帮助读者识读其他的球形储罐检验检测报告。

图书在版编目（CIP）数据

球形储罐检验检测应用图集 / 崔晓威，张克宏，李占斌主编 . —郑州：黄河水利出版社，2018.11

ISBN 978-7-5509-1732-3

Ⅰ . ①球…　Ⅱ . ①崔…　②张…　③李…　Ⅲ . ①球形油罐 – 检验 – 图集 ②球形油罐 – 检测 – 图集 Ⅳ . ① TE972-64

中国版本图书馆 CIP 数据核字（2018）第 281723 号

组稿编辑：王路平　　电话：0371-66022212　　E-mail:hhslwlp@126.com

出 版 社：黄河水利出版社　　网　址：www.yrcp.com

地址：河南省郑州市顺河路黄委会综合楼 14 层　　邮政编码：450052

发行单位：黄河水利出版社

发行部电话：0371-66026940、66020550、66028024、66022620（传真）

E-mail：hhslcbs@126.com

承印单位：河南承创印务有限公司

开本：880 mm × 1 230 mm　1/16

印张：9.25

字数：190 千字

版次：2018 年 11 月第 1 版　　印次：2019 年 7 月第 1 次印刷

定价：40.00 元

前　言

河南省锅炉压力容器安全检测研究院一贯重视规范检验报告、提高检验质量，组织人员先后编制了《承压类特种设备检验及报告（证书）出具通用要求》（DB41/T 580—2009）、《承压类特种设备检验报告（证书）编号规范》（DB41/T 622—2010）、《压力容器检验报告附图画法》（DB41/T 1116—2015）、《展开图绘制基本方法》（DB41/T 1117—2015）等河南省地方标准。本书是在DB41/T 1116—2015、DB41/T 1117—2017两项地方标准的基础上，结合编者多年检验经历和检验实践，选取检验过程中实际遇到的不同容积、不同结构具有典型性的球形储罐，加以整理、遴选、完善，并参考相关标准绘制完成的。

本书收集汇编了多种型式球形储罐检验检测报告附图图例，可作为球形储罐检验检测报告附图的范本。这些图例按照《固定式压力容器安全技术监察规程》（TSG 21—2016）的要求，直观、形象地表示检验检测人员进行宏观检验、壁厚测定、无损检测、硬度检测等的部位，清晰地表示检验检测发现缺陷的位置和程度。球形储罐检验检测附图画法目前尚无国家和行业标准，本书在绘制的过程中参考了多项国家和地方标准，其中示意图的画法参考了《钢制球形储罐型式与基本参数》（GB/T 17261—2011）；焊缝编号方法及球壳板测厚图画法参考了《球形储罐施工规范》（GB 50094—2010）；支柱的绘制方法参考了《钢制球形储罐》（GB 12337—2014）；展开图绘制方法、测厚点表示方法、无损检测部位表示方法、硬度检测部位表示方法等内容参考了《压力容器检验报告附图画法》（DB41/T 1116—2015）、《展开图绘制基本方法》（DB41/T 1117—2015）两项河南省地方标准。

在本书编写的过程中，听取了有关同行的宝贵意见和建议，在此表示衷心的感谢！由于时间紧，编者水平有限，书中难免存在疏漏之处，敬请广大读者批评指正，以便持续改进。

编　者

2018年8月

目　录

第一部分　400m³混合式三带球罐

一、400m³混合式三带球罐示意图

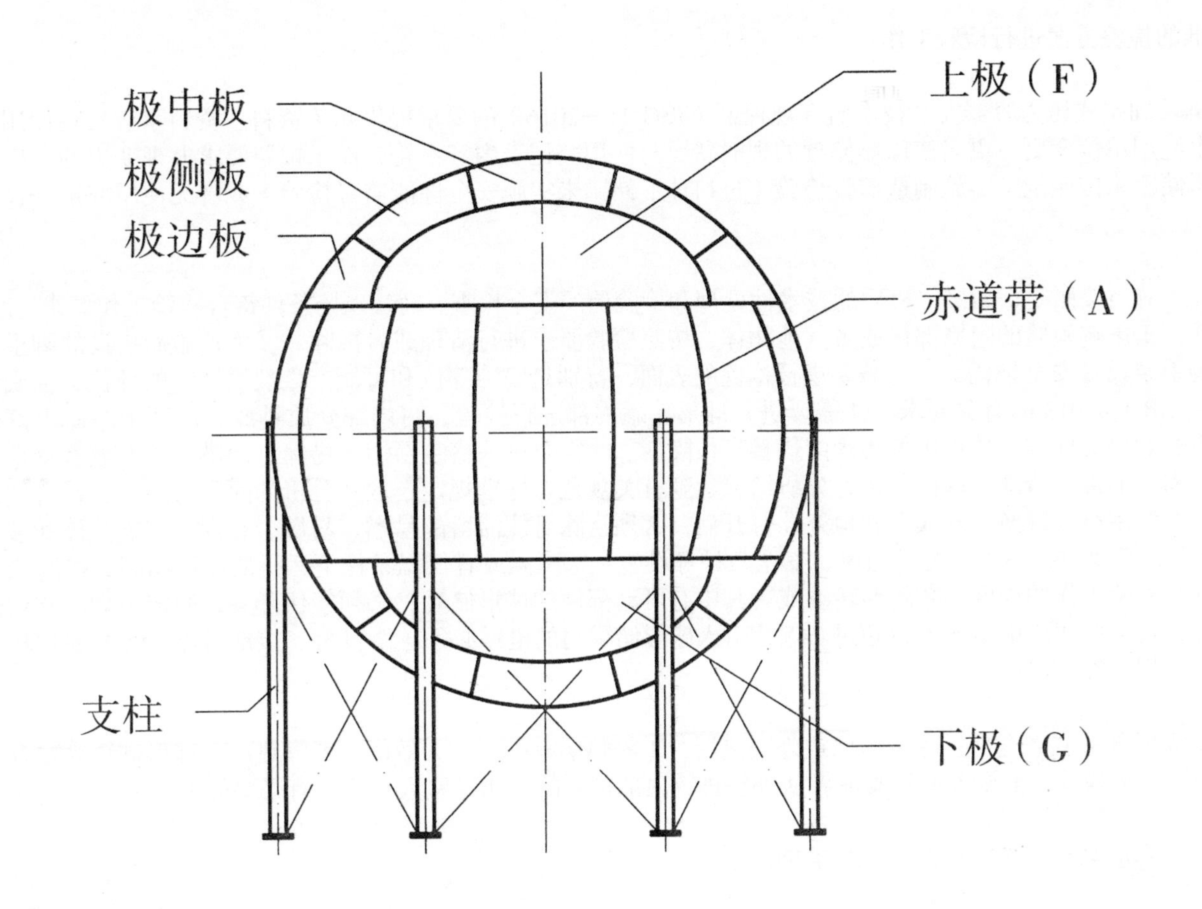

定期检验前的准备工作

1. 检验方案制订

检验前，检验机构应当根据球形储罐的使用情况、损伤模式及失效模式，依据《固定式压力容器安全技术监察规程》（TSG 21—2016）的要求制订检验方案，检验方案由检验机构技术负责人审查批准。球形储罐定期检验项目，以宏观检验、壁厚测定、表面缺陷检测、安全附件检验为主，必要时增加埋藏缺陷检测、材料分析、密封紧固件检验、强度校核、耐压试验、泄露试验等。对于有特殊情况的球形储罐的检验方案，检验机构应当征求使用单位的意见。

检验人员应当严格按照批准的检验方案进行检验工作。

2. 资料审查

检验前，使用单位应当依据《固定式压力容器安全技术监察规程》（TSG 21—2016）的要求提供相关资料。资料审查发现使用单位未按照要求对球形储罐进行年度检查，以及发生使用单位变更、更名使球形储罐的现时状况与使用登记表内容不符，而未按照要求办理变更的，检验机构应当向使用登记机关报告。资料审查发现球形储罐未按照规定实施制造监督检验（进口球形储罐未实施安全性能监督检验）或者无使用登记证，检验机构应当停止检验，并且向使用登记机关报告。

3. 现场条件要求

使用单位和相关的辅助单位，应当按照要求做好停机后的技术性处理和检验前的安全检查，确认现场条件符合检验工作要求，做好有关的准备工作。检验前，现场至少具备以下条件：①影响检验的附属部件或者其他物体，按照检验要求进行清理或者拆除。②为检验而搭设的脚手架、轻便梯等设施安全牢固（对离地面 2 m 以上的脚手架设置安全护栏）。③需要进行检验的表面，特别是腐蚀部位和可能产生裂纹缺陷的部位，彻底清理干净，露出金属本体；进行无损检测的表面达到 NB/T 47013 的有关要求。④需要进入球形储罐内部进行检验，将内部介质排放、清理干净，用盲板隔断所有液体、气体或者蒸气的来源，同时设置明显的隔离标志，禁止用关闭阀门代替盲板隔断。⑤需要进入盛装易燃、易爆、助燃、毒性或者窒息性介质的球形储罐内部进行检验，必须进行置换、中和、消毒、清洗，取样分析，分析结果达到有关规范、标准规定；取样分析的间隔时间应当符合使用单位的有关规定；盛装易燃、易爆、助燃介质的，严禁用空气置换。⑥人孔和检查孔打开后，必须清除可能滞留的易燃、易爆、有毒、有害气体和液体，球形储罐内部空间的气体含氧量保持在 0.195 以上；必要时，还需要配备通风、安全救护等设施。⑦高温或者低温条件下运行的球形储罐，按照操作规程的要求缓慢地降温或者升温，使之达到可以进行检验工作的程度。⑧能够转动或者其中有可动部件的球形储罐，必须锁住开关，固定牢靠。⑨切断与球形储罐有关的电源，设置明显的安全警示标志；检验照明用电电压不得超过 24V，引入球形储罐内的电缆必须绝缘良好、接地可靠。⑩需要现场进行射线检测时，隔离出透照区，设置警示标志，遵守相应安全规定。

4. 隔热层拆除

存在以下情况时，应当根据需要部分或者全部拆除球形储罐外隔热层：①隔热层有破损、失效的。②隔热层下球形储罐壳体存在腐蚀或者外表面开裂可能性的。③无法进行球形储罐内部检验，需要外壁检验或者从外壁进行内部检测的。④检验人员认为有必要的。

5. 设备仪器检定校准

检验用的设备、仪器和测量工具应当在有效的检定或者校准期内。

6. 检验工作安全要求

进行检验时应当注意以下安全：①检验机构应当定期对检验人员进行检验工作安全教育，并且保存教育记录。②检验人员确认现场条件符合检验工作要求后方可进行检验，并且执行使用单位有关动火、用电、高空作业、球形储罐内作业、安全防护、安全监护等规定。③检验时，使用单位球形储罐安全管理人员、作业和维护保养等相关人员应当到场协助检验工作，及时提供有关资料，负责安全监护，并且设置可靠的联络方式。

二、400m³混合式三带球罐展开图

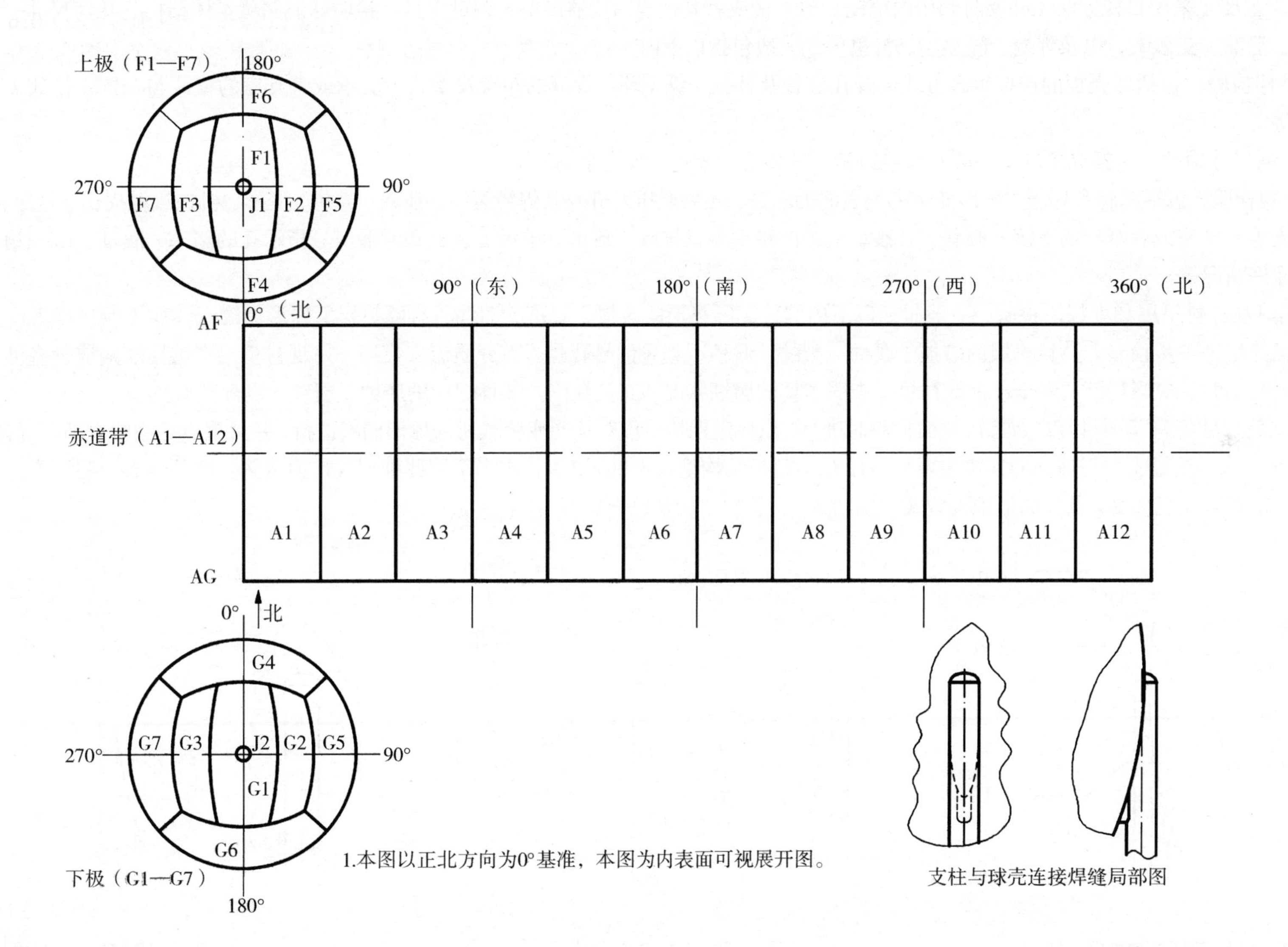

支柱与球壳连接焊缝局部图

宏观检验

宏观检验主要是采用目视方法（必要时利用内窥镜、放大镜或者其他辅助仪器设备、测量工具）检验球形储罐本体结构、几何尺寸、表面情况（如裂纹、腐蚀、泄漏、变形），以及焊缝、隔热层、衬里等，一般包括以下内容：

（1）结构检验，包括球壳板的连接组合方式、开孔位置及补强、纵（环）焊缝的布置及型式、支承或者支座的型式与布置、排放（疏水、排污）装置的设置等。

（2）几何尺寸检验，包括纵（环）焊缝对口错边量、棱角度、咬边、焊缝余高等。

（3）外观检验，包括铭牌和标志，球形储罐内外表面的腐蚀，主要受压元件及其焊缝裂纹、泄漏、鼓包、变形、机械接触损伤、过热，工卡具焊迹、电弧灼伤，支承、支座或者基础的下沉、倾斜、开裂，支柱的铅垂度，排放（疏水、排污）装置和泄漏信号指示孔的堵塞、腐蚀、沉积物，密封紧固件及地脚螺栓完好情况等。

（4）隔热层、衬里层和堆焊层检验，一般包括以下内容：①隔热层的破损、脱落、潮湿，有隔热层下球形储罐壳体腐蚀倾向或者产生裂纹可能性的应当拆除隔热层进一步检验。②衬里层的破损、腐蚀、裂纹、脱落，查看信号孔是否有介质流出痕迹；发现衬里层穿透性缺陷或者有可能引起球形储罐本体腐蚀的缺陷时，应当局部或者全部拆除衬里，查明本体的腐蚀状况和其他缺陷。③堆焊层的腐蚀、裂纹、剥离和脱落。

结构和几何尺寸等检验项目应当在首次全面检验时进行，以后定期检验仅对承受疲劳载荷的球形储罐进行，并且重点是检验有问题部位的新生缺陷。

注：目前，球形储罐支柱与球壳的连接主要采用加U形托板结构型式（见图1），本书采用此种型式作为范例，此外还有一些球形储罐采用支柱与球壳直接连接的型式（见图2）及长圆形结构型式（见图3），检验时应加以甄别。

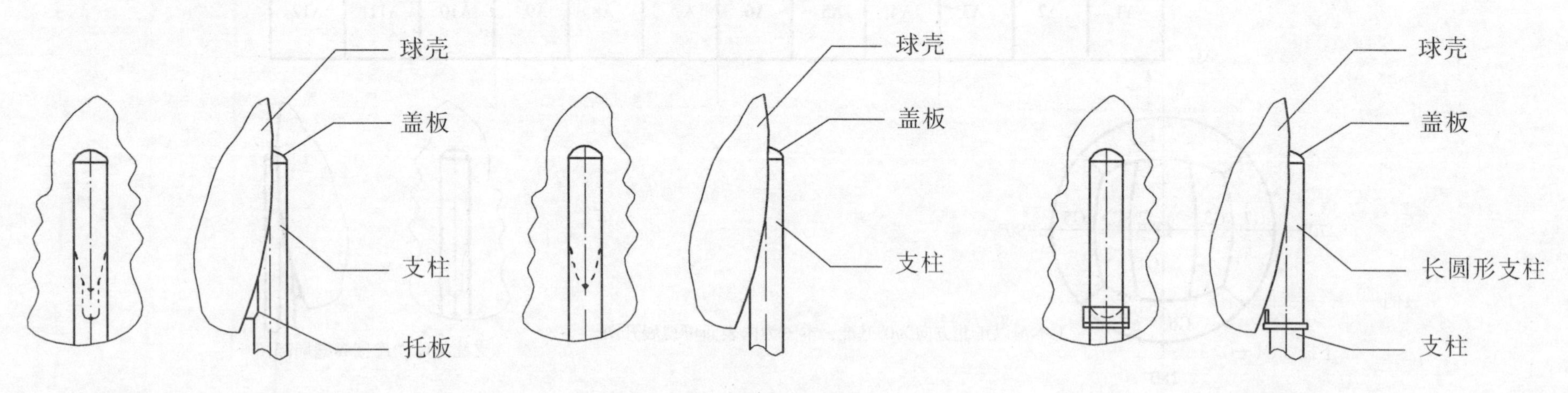

图1　加U形托板结构型式　　图2　直接连接结构型式　　图3　长圆形结构型式

三、400m³ 混合式三带球罐壁厚测定球壳板测厚图

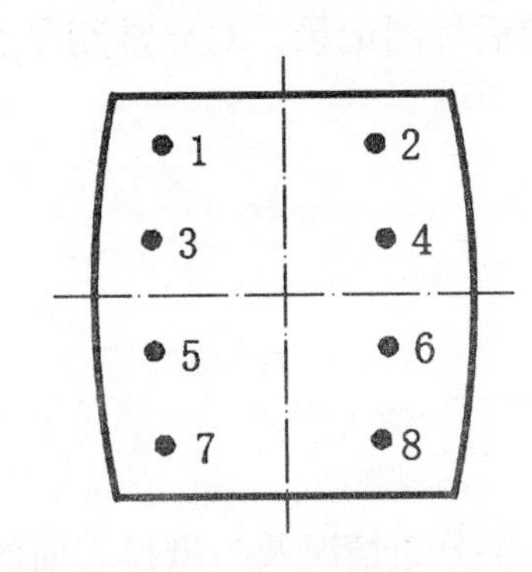

赤道板（A1—A12）测厚点位置图

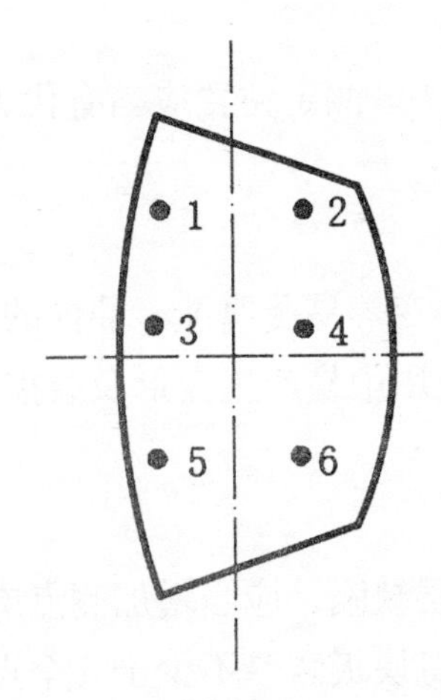

上极边板（F4—F7）、下极侧板（G4—G7）测厚点位置图

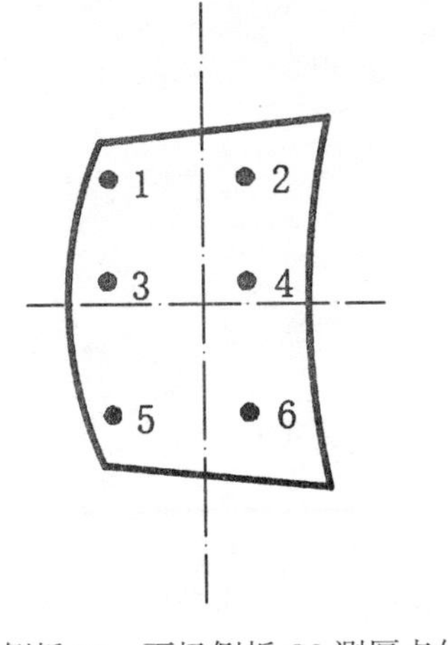

上极侧板 F3、下极侧板 G3 测厚点位置图

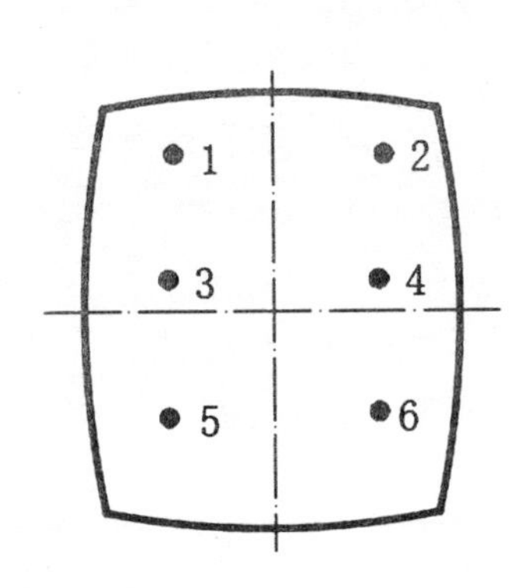

上极中板 F1、下极中板 G1 测厚点位置图

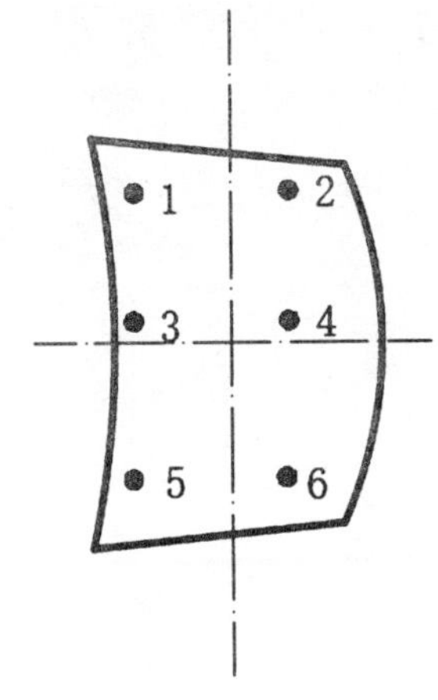

上极侧板 F2、下极侧板 G2 测厚点位置图

壁厚测定

壁厚测定，一般采用超声波测厚方法。测定位置应当有代表性，有足够的测点数。测定后标图记录，对异常测厚点做详细标记。

厚度测点，一般选择以下位置：

（1）液位经常波动的部位。

（2）物料进口、流动转向、截面突变等易受腐蚀、冲蚀的部位。

（3）制造成型时壁厚减薄部位和使用中易产生变形及磨损的部位。

（4）接管部位。

（5）宏观检验时发现的可疑部位。

壁厚测定时，如果发现母材存在分层缺陷，应当增加测点或者采用超声波检测，查明分层分布情况及与母材表面的倾斜度，同时做图记录。

壁厚测定一般应覆盖每块球壳板，每块板测厚不少于 6 个点。

四、400m³ 混合式三带球罐无损检测附图

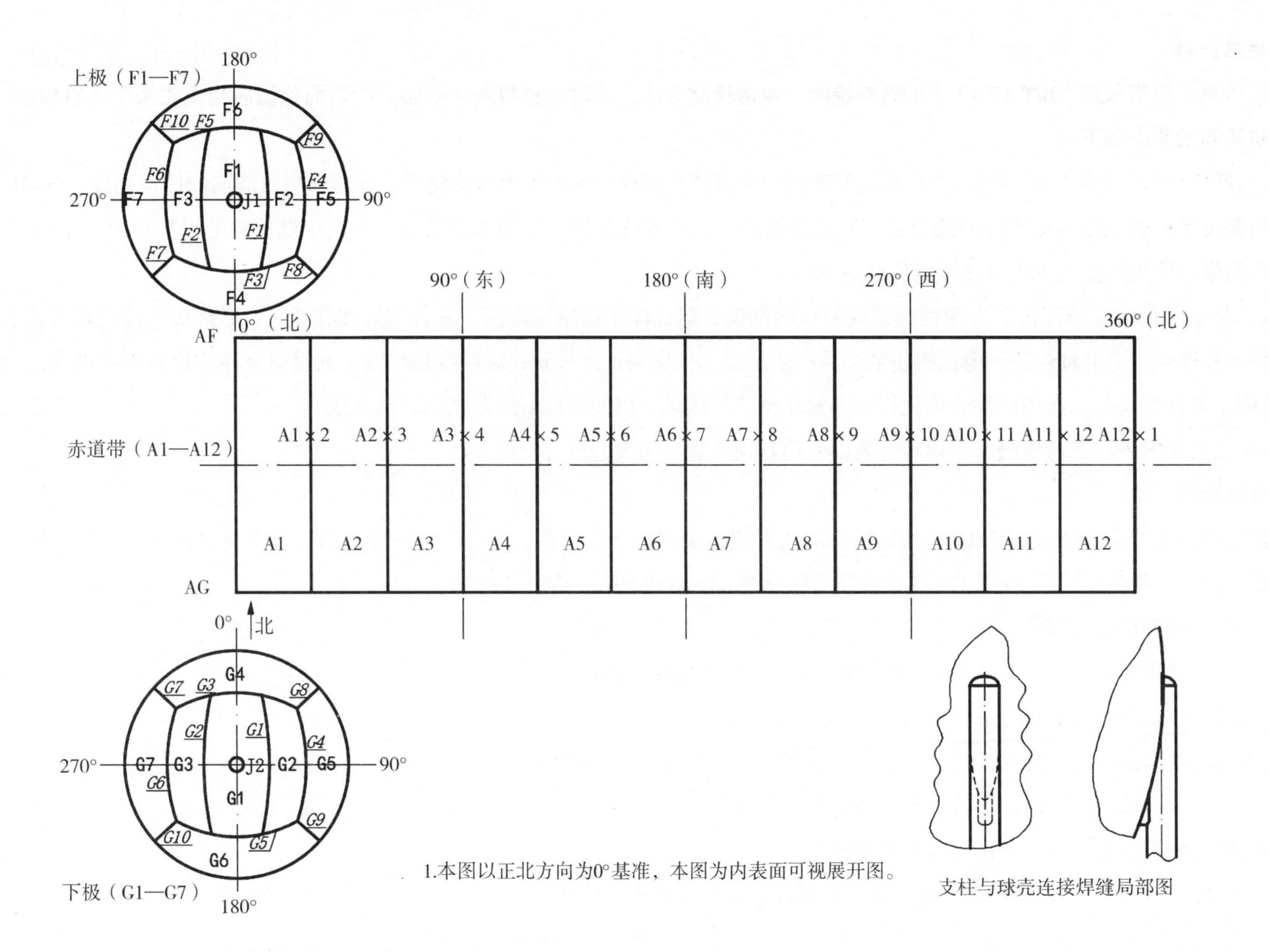

1.本图以正北方向为0°基准，本图为内表面可视展开图。

支柱与球壳连接焊缝局部图

1. 表面缺陷检测

表面缺陷检测，应当采用 NB/T 47013 中的磁粉检测、渗透检测方法。铁磁性材料制球形储罐的表面检测应当优先采用磁粉检测。

表面缺陷检测的要求如下：

（1）碳钢低合金钢制低温球形储罐、存在环境开裂倾向或者产生机械损伤现象的球形储罐、有再热裂纹倾向的球形储罐、Cr–Mo 钢制球形储罐、标准抗拉强度下限值大于 540 MPa 的低合金钢制球形储罐、按照疲劳分析设计的球形储罐、首次定期检验的设计压力大于或者等于 1.6 MPa 的第Ⅲ类球形储罐，检测长度不少于对接焊缝长度的 20%。

（2）应力集中部位、变形部位、宏观检验发现裂纹的部位，奥氏体不锈钢堆焊层，异种钢焊接接头、T 形接头、接管角接接头、其他有怀疑的焊接接头，补焊区、工卡具焊迹、电弧损伤处和易产生裂纹部位应当重点检验；对焊接裂纹敏感的材料，注意检验可能出现的延迟裂纹。

（3）检测中发现裂纹时，应当扩大表面无损检测的比例或者区域，以便发现可能存在的其他缺陷。

（4）如果无法在内表面进行检测，可以在外表面采用其他方法对内表面进行检测。

2. 埋藏缺陷检测

埋藏缺陷检测，应当采用 NB/T 47013 中的射线检测或者超声检测等方法。有下列情况之一时，由检验人员根据具体情况确定抽查采用的无损检测方法及比例，必要时可以用 NB/T 47013 中的声发射检测方法判断缺陷的活动性：

（1）使用过程中补焊过的部位。

（2）检验时发现焊缝表面裂纹，认为需要进行焊缝埋藏缺陷检测的部位。

（3）错边量和棱角度超过产品标准要求的焊缝部位。

（4）使用中出现焊接接头泄漏的部位及其两端延长部位。

（5）承受交变载荷球形储罐的焊接接头和其他应力集中部位。

（6）使用单位要求或者检验人员认为有必要的部位。

已进行过埋藏缺陷检测的，使用过程中如果无异常情况，可以不再进行检测。

五、400m³混合式三带球罐硬度检测附图

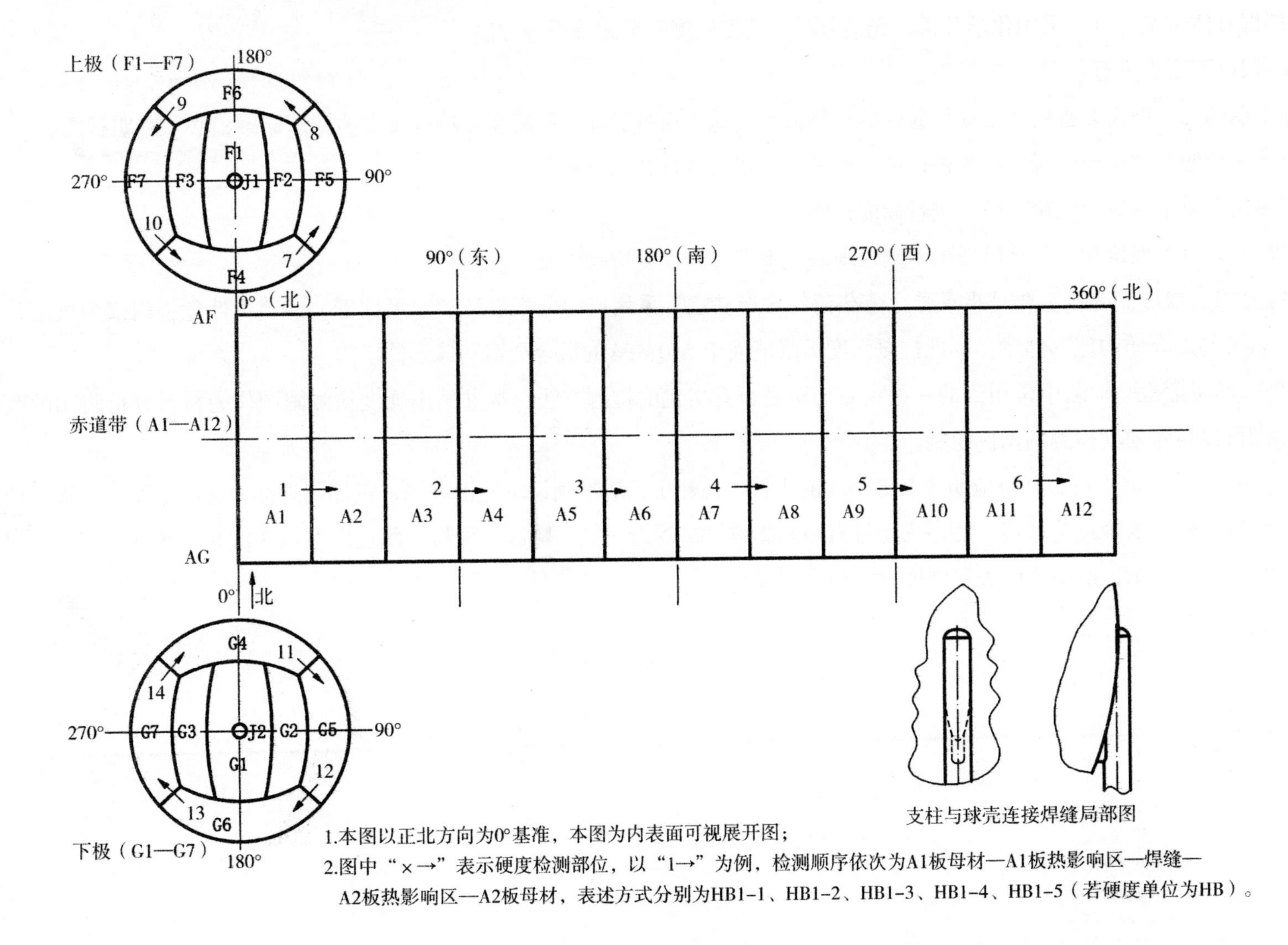

支柱与球壳连接焊缝局部图

1.本图以正北方向为0°基准，本图为内表面可视展开图；

2.图中“×→”表示硬度检测部位，以“1→”为例，检测顺序依次为A1板母材—A1板热影响区—焊缝—A2板热影响区—A2板母材，表述方式分别为HB1-1、HB1-2、HB1-3、HB1-4、HB1-5（若硬度单位为HB）。

材料分析

材料分析根据具体情况，可以采用化学分析、光谱分析、硬度检测、金相分析等方法。

材料分析按照以下要求进行：

（1）材质不明的，一般需要查明主要受压元件的材料种类；对于第Ⅲ类球形储罐及有特殊要求的球形储罐，必须查明材质。

（2）有材质劣化倾向的球形储罐，应当进行硬度检测，必要时进行金相分析。

（3）有焊缝硬度要求的球形储罐，应当进行硬度检测。

对于已经进行第（1）项检验，并且已做出明确处理的，不需要再重复检验该项。

注：有特殊要求的球形储罐，主要是指承受疲劳载荷的球形储罐，采用应力分析设计的球形储罐，盛装毒性危害程度为极度、高度危害介质的球形储罐，盛装易爆介质的球形储罐，标准抗拉强度下限值大于540 MPa的低合金钢制球形储罐等。

硬度检测是球形储罐检验检测中常用到的一种判断材质是否有劣化的检测方法，本书采用硬度检测附图作为材料分析附图的范例，其他材料分析方法的附图可以参考硬度检测的图例绘制。

硬度检测应在磁粉检测前进行，并且应防止其他磁场的干扰。检测中，应准确设定冲击方向，定期清理冲击体内的污物。进行硬度检测时，一般选择相邻两块球壳板上5个点为一组，顺序为：母材—热影响区—焊缝—热影响区—母材，每点应测试3次并取其平均值。一组硬度检测点使用一个箭头符号“→”表示，箭头方向表示硬度检测测点布置顺序。

第二部分　650m³ 混合式三带球罐

一、650m³ 混合式三带球罐示意图

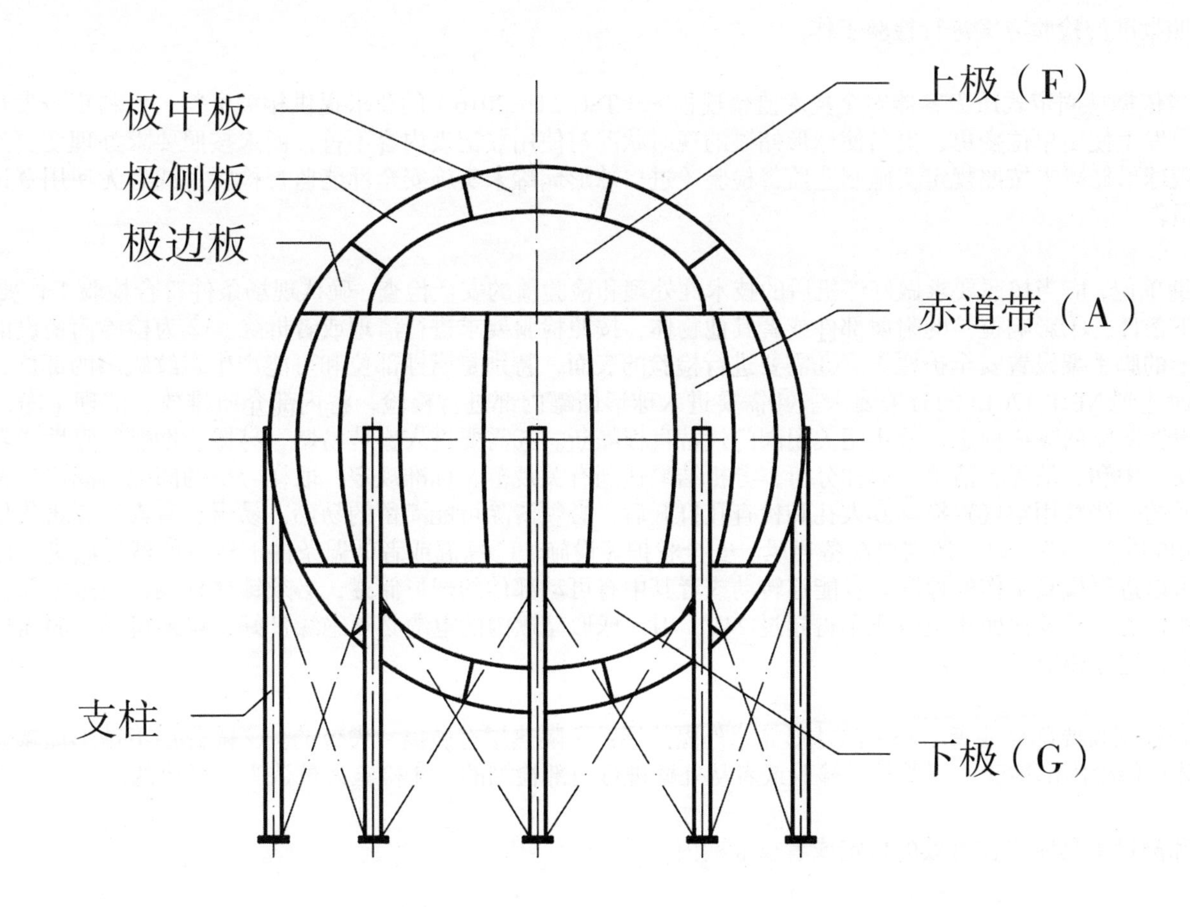

定期检验前的准备工作

1. 检验方案制订

检验前，检验机构应当根据球形储罐的使用情况、损伤模式及失效模式，依据《固定式压力容器安全技术监察规程》（TSG 21—2016）的要求制订检验方案，检验方案由检验机构技术负责人审查批准。球形储罐定期检验项目，以宏观检验、壁厚测定、表面缺陷检测、安全附件检验为主，必要时增加埋藏缺陷检测、材料分析、密封紧固件检验、强度校核、耐压试验、泄露试验等。对于有特殊情况的球形储罐的检验方案，检验机构应当征求使用单位的意见。

检验人员应当严格按照批准的检验方案进行检验工作。

2. 资料审查

检验前，使用单位应当依据《固定式压力容器安全技术监察规程》（TSG 21—2016）的要求提供相关资料。资料审查发现使用单位未按照要求对球形储罐进行年度检查，以及发生使用单位变更、更名使球形储罐的现时状况与使用登记表内容不符，而未按照要求办理变更的，检验机构应当向使用登记机关报告。资料审查发现球形储罐未按照规定实施制造监督检验（进口球形储罐未实施安全性能监督检验）或者无使用登记证，检验机构应当停止检验，并且向使用登记机关报告。

3. 现场条件要求

使用单位和相关的辅助单位，应当按照要求做好停机后的技术性处理和检验前的安全检查，确认现场条件符合检验工作要求，做好有关的准备工作。检验前，现场至少具备以下条件：①影响检验的附属部件或者其他物体，按照检验要求进行清理或者拆除。②为检验而搭设的脚手架、轻便梯等设施安全牢固（对离地面 2 m 以上的脚手架设置安全护栏）。③需要进行检验的表面，特别是腐蚀部位和可能产生裂纹缺陷的部位，彻底清理干净，露出金属本体；进行无损检测的表面达到 NB/T 47013 的有关要求。④需要进入球形储罐内部进行检验，将内部介质排放、清理干净，用盲板隔断所有液体、气体或者蒸气的来源，同时设置明显的隔离标志，禁止用关闭阀门代替盲板隔断。⑤需要进入盛装易燃、易爆、助燃、毒性或者窒息性介质的球形储罐内部进行检验，必须进行置换、中和、消毒、清洗，取样分析，分析结果达到有关规范、标准规定；取样分析的间隔时间应当符合使用单位的有关规定；盛装易燃、易爆、助燃介质的，严禁用空气置换。⑥人孔和检查孔打开后，必须清除可能滞留的易燃、易爆、有毒、有害气体和液体，球形储罐内部空间的气体含氧量保持在 0.195 以上；必要时，还需要配备通风、安全救护等设施。⑦高温或者低温条件下运行的球形储罐，按照操作规程的要求缓慢地降温或者升温，使之达到可以进行检验工作的程度。⑧能够转动或者其中有可动部件的球形储罐，必须锁住开关，固定牢靠。⑨切断与球形储罐有关的电源，设置明显的安全警示标志；检验照明用电电压不得超过 24V，引入球形储罐内的电缆必须绝缘良好、接地可靠。⑩需要现场进行射线检测时，隔离出透照区，设置警示标志，遵守相应安全规定。

4. 隔热层拆除

存在以下情况时，应当根据需要部分或者全部拆除球形储罐外隔热层：①隔热层有破损、失效的。②隔热层下球形储罐壳体存在腐蚀或者外表面开裂可能性的。③无法进行球形储罐内部检验，需要外壁检验或者从外壁进行内部检测的。④检验人员认为有必要的。

5. 设备仪器检定校准

检验用的设备、仪器和测量工具应当在有效的检定或者校准期内。

6. 检验工作安全要求

进行检验时应当注意以下安全：①检验机构应当定期对检验人员进行检验工作安全教育，并且保存教育记录。②检验人员确认现场条件符合检验工作要求后方可进行检验，并且执行使用单位有关动火、用电、高空作业、球形储罐内作业、安全防护、安全监护等规定。③检验时，使用单位球形储罐安全管理人员、作业和维护保养等相关人员应当到场协助检验工作，及时提供有关资料，负责安全监护，并且设置可靠的联络方式。

二、650m3 混合式三带球罐展开图

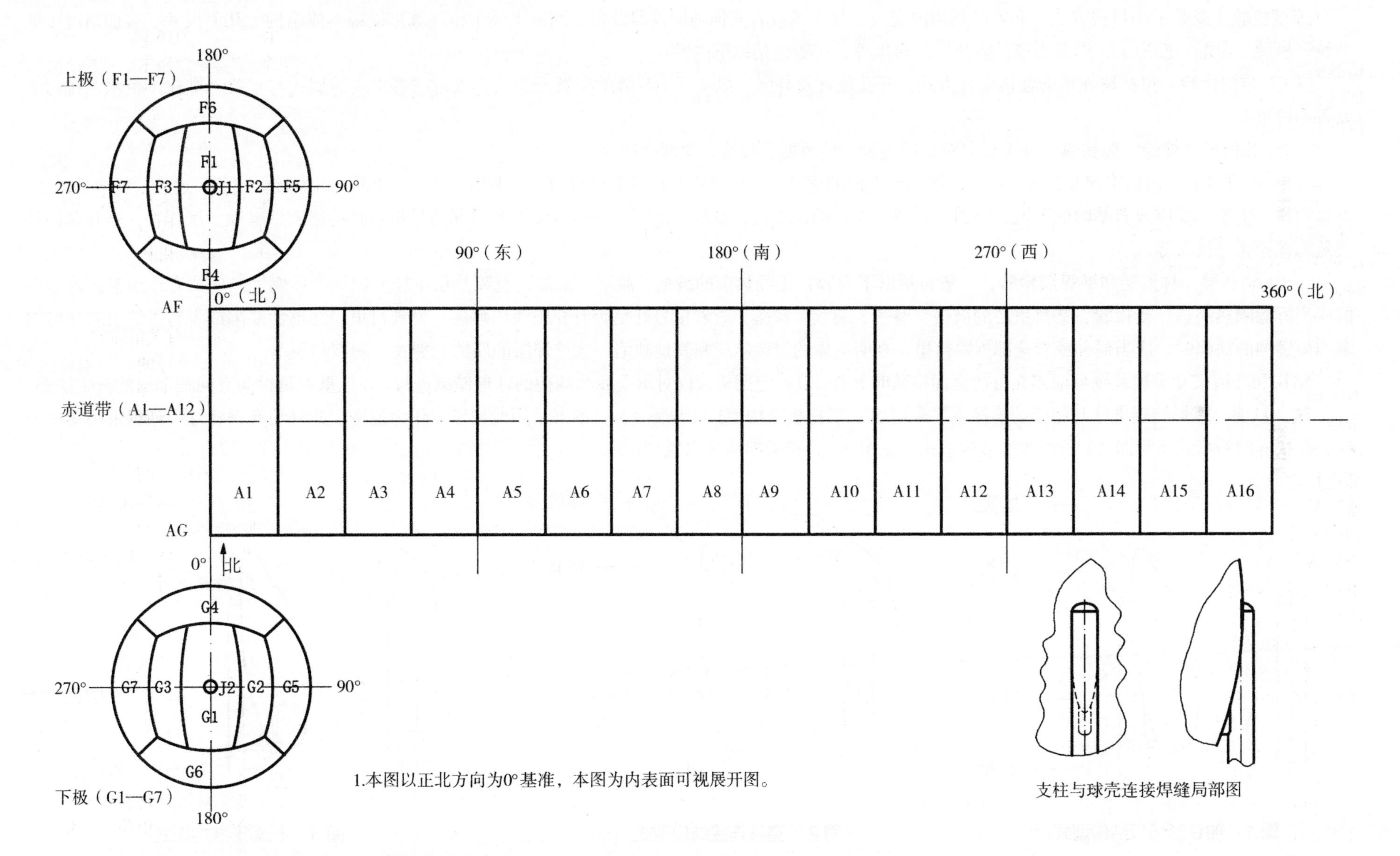

支柱与球壳连接焊缝局部图

宏观检验

宏观检验主要是采用目视方法（必要时利用内窥镜、放大镜或者其他辅助仪器设备、测量工具）检验球形储罐本体结构、几何尺寸、表面情况（如裂纹、腐蚀、泄漏、变形），以及焊缝、隔热层、衬里等，一般包括以下内容：

（1）结构检验，包括球壳板的连接组合方式、开孔位置及补强、纵（环）焊缝的布置及型式、支承或者支座的型式与布置、排放（疏水、排污）装置的设置等。

（2）几何尺寸检验，包括纵（环）焊缝对口错边量、棱角度、咬边、焊缝余高等。

（3）外观检验，包括铭牌和标志，球形储罐内外表面的腐蚀，主要受压元件及其焊缝裂纹、泄漏、鼓包、变形、机械接触损伤、过热，工卡具焊迹、电弧灼伤，支承、支座或者基础的下沉、倾斜、开裂，支柱的铅垂度，排放（疏水、排污）装置和泄漏信号指示孔的堵塞、腐蚀、沉积物，密封紧固件及地脚螺栓完好情况等。

（4）隔热层、衬里层和堆焊层检验，一般包括以下内容：①隔热层的破损、脱落、潮湿，有隔热层下球形储罐壳体腐蚀倾向或者产生裂纹可能性的应当拆除隔热层进一步检验。②衬里层的破损、腐蚀、裂纹、脱落，查看信号孔是否有介质流出痕迹；发现衬里层穿透性缺陷或者有可能引起球形储罐本体腐蚀的缺陷时，应当局部或者全部拆除衬里，查明本体的腐蚀状况和其他缺陷。③堆焊层的腐蚀、裂纹、剥离和脱落。

结构和几何尺寸等检验项目应当在首次全面检验时进行，以后定期检验仅对承受疲劳载荷的球形储罐进行，并且重点是检验有问题部位的新生缺陷。

注：目前，球形储罐支柱与球壳的连接主要采用加 U 形托板结构型式（见图 1），本书采用此种型式作为范例，此外还有一些球形储罐采用支柱与球壳直接连接的型式（见图 2）及长圆形结构型式（见图 3），检验时应加以甄别。

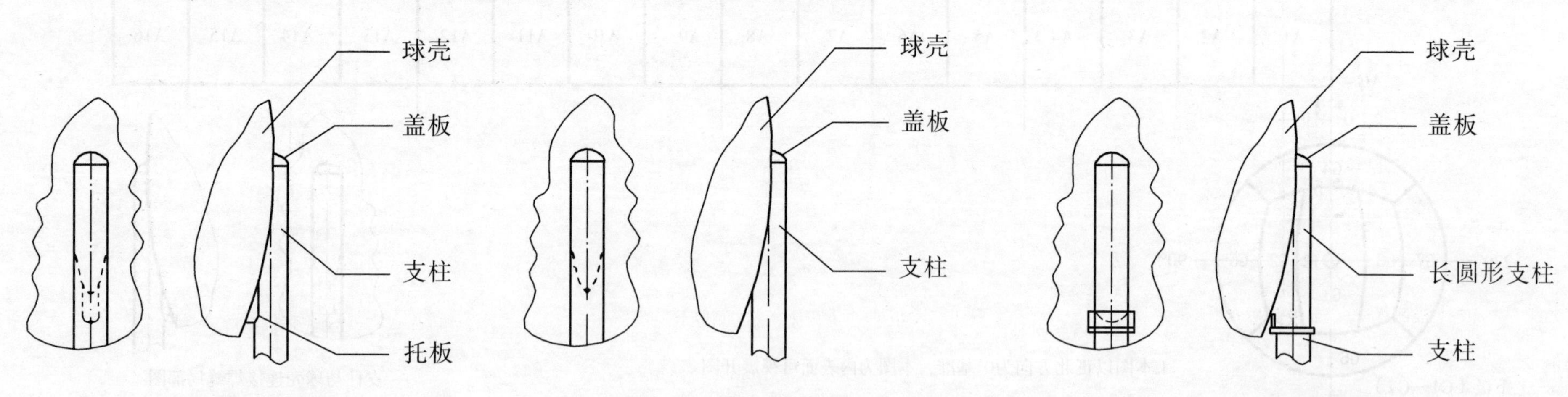

图 1　加 U 形托板结构型式　　图 2　直接连接结构型式　　图 3　长圆形结构型式

三、650m³ 混合式三带球罐壁厚测定球壳板测厚图

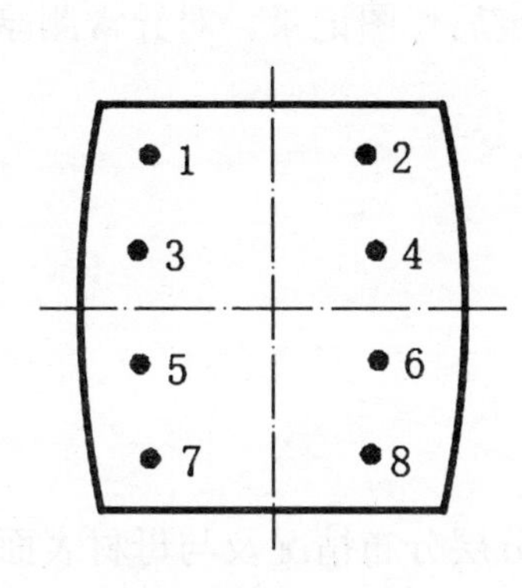

赤道板（A1—A16）测厚点位置图

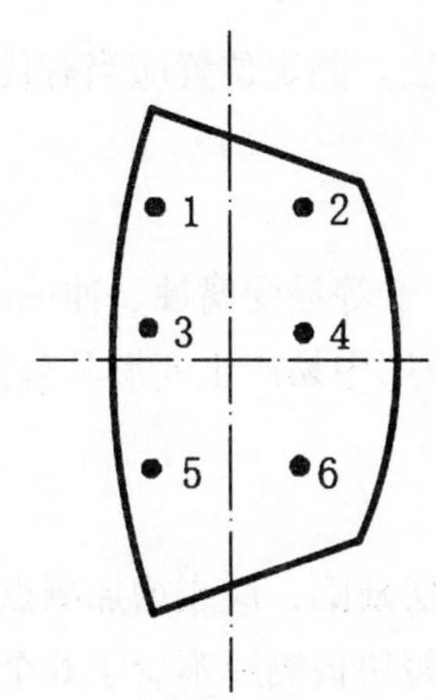

上极边板（F4—F7）、下极侧板（G4—G7）测厚点位置图

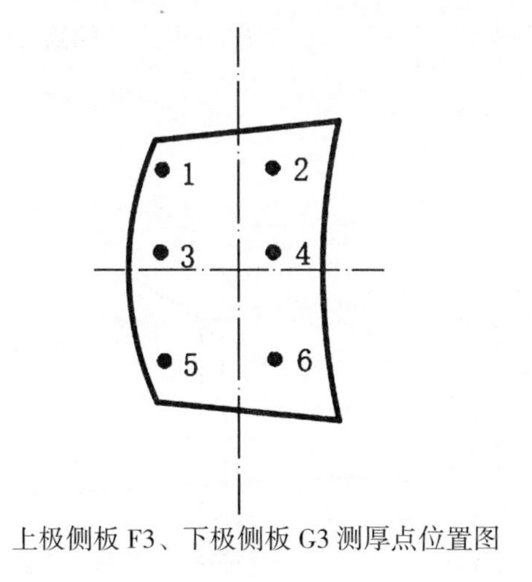

上极侧板 F3、下极侧板 G3 测厚点位置图

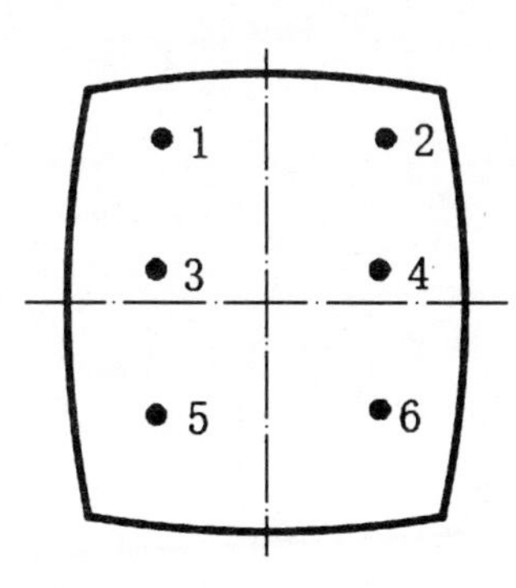

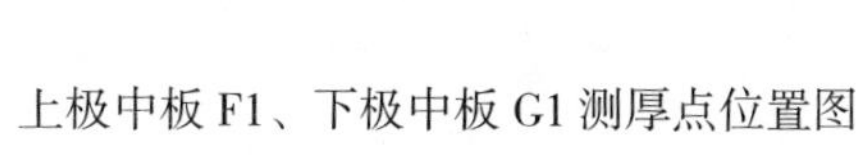

上极中板 F1、下极中板 G1 测厚点位置图

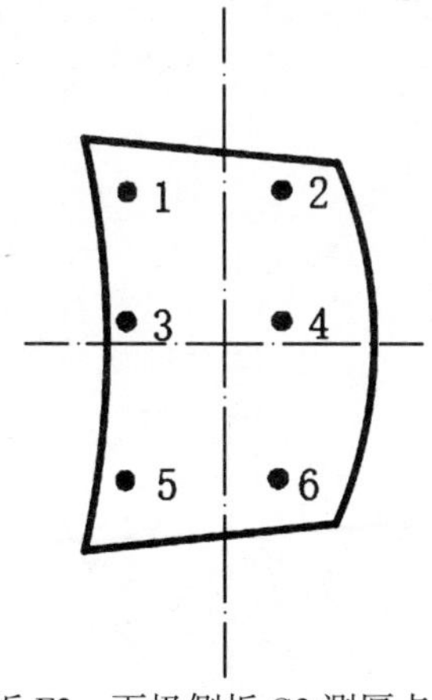

上极侧板 F2、下极侧板 G2 测厚点位置图

壁厚测定

壁厚测定，一般采用超声波测厚方法。测定位置应当有代表性，有足够的测点数。测定后标图记录，对异常测厚点做详细标记。

厚度测点，一般选择以下位置：

（1）液位经常波动的部位。

（2）物料进口、流动转向、截面突变等易受腐蚀、冲蚀的部位。

（3）制造成型时壁厚减薄部位和使用中易产生变形及磨损的部位。

（4）接管部位。

（5）宏观检验时发现的可疑部位。

壁厚测定时，如果发现母材存在分层缺陷，应当增加测点或者采用超声波检测，查明分层分布情况及与母材表面的倾斜度，同时做图记录。

壁厚测定一般应覆盖每块球壳板，每块板测厚不少于6个点。

四、650m³ 混合式三带球罐无损检测附图

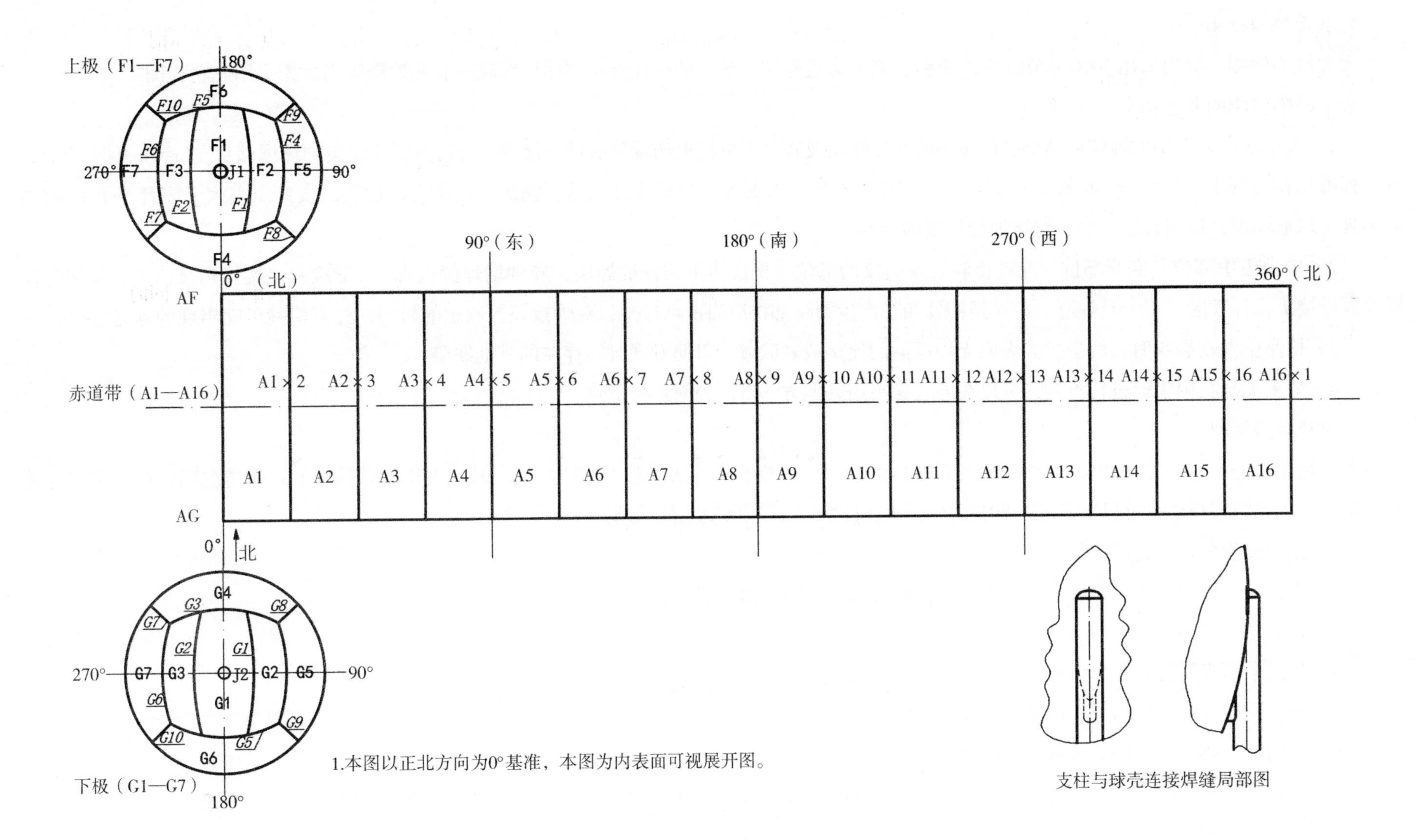

支柱与球壳连接焊缝局部图

无损检测

1. 表面缺陷检测

表面缺陷检测，应当采用 NB/T 47013 中的磁粉检测、渗透检测方法。铁磁性材料制球形储罐的表面检测应当优先采用磁粉检测。

表面缺陷检测的要求如下：

（1）碳钢低合金钢制低温球形储罐、存在环境开裂倾向或者产生机械损伤现象的球形储罐、有再热裂纹倾向的球形储罐、Cr-Mo 钢制球形储罐、标准抗拉强度下限值大于 540 MPa 的低合金钢制球形储罐、按照疲劳分析设计的球形储罐、首次定期检验的设计压力大于或者等于 1.6 MPa 的第Ⅲ类球形储罐，检测长度不少于对接焊缝长度的 20%。

（2）应力集中部位、变形部位、宏观检验发现裂纹的部位，奥氏体不锈钢堆焊层，异种钢焊接接头、T 形接头、接管角接接头、其他有怀疑的焊接接头，补焊区、工卡具焊迹、电弧损伤处和易产生裂纹部位应当重点检验；对焊接裂纹敏感的材料，注意检验可能出现的延迟裂纹。

（3）检测中发现裂纹时，应当扩大表面无损检测的比例或者区域，以便发现可能存在的其他缺陷。

（4）如果无法在内表面进行检测，可以在外表面采用其他方法对内表面进行检测。

2. 埋藏缺陷检测

埋藏缺陷检测，应当采用 NB/T 47013 中的射线检测或者超声检测等方法。有下列情况之一时，由检验人员根据具体情况确定抽查采用的无损检测方法及比例，必要时可以用 NB/T 47013 中的声发射检测方法判断缺陷的活动性：

（1）使用过程中补焊过的部位。

（2）检验时发现焊缝表面裂纹，认为需要进行焊缝埋藏缺陷检测的部位。

（3）错边量和棱角度超过产品标准要求的焊缝部位。

（4）使用中出现焊接接头泄漏的部位及其两端延长部位。

（5）承受交变载荷球形储罐的焊接接头和其他应力集中部位。

（6）使用单位要求或者检验人员认为有必要的部位。

已进行过埋藏缺陷检测的，使用过程中如果无异常情况，可以不再进行检测。

五、650m^{3}混合式三带球罐硬度检测附图

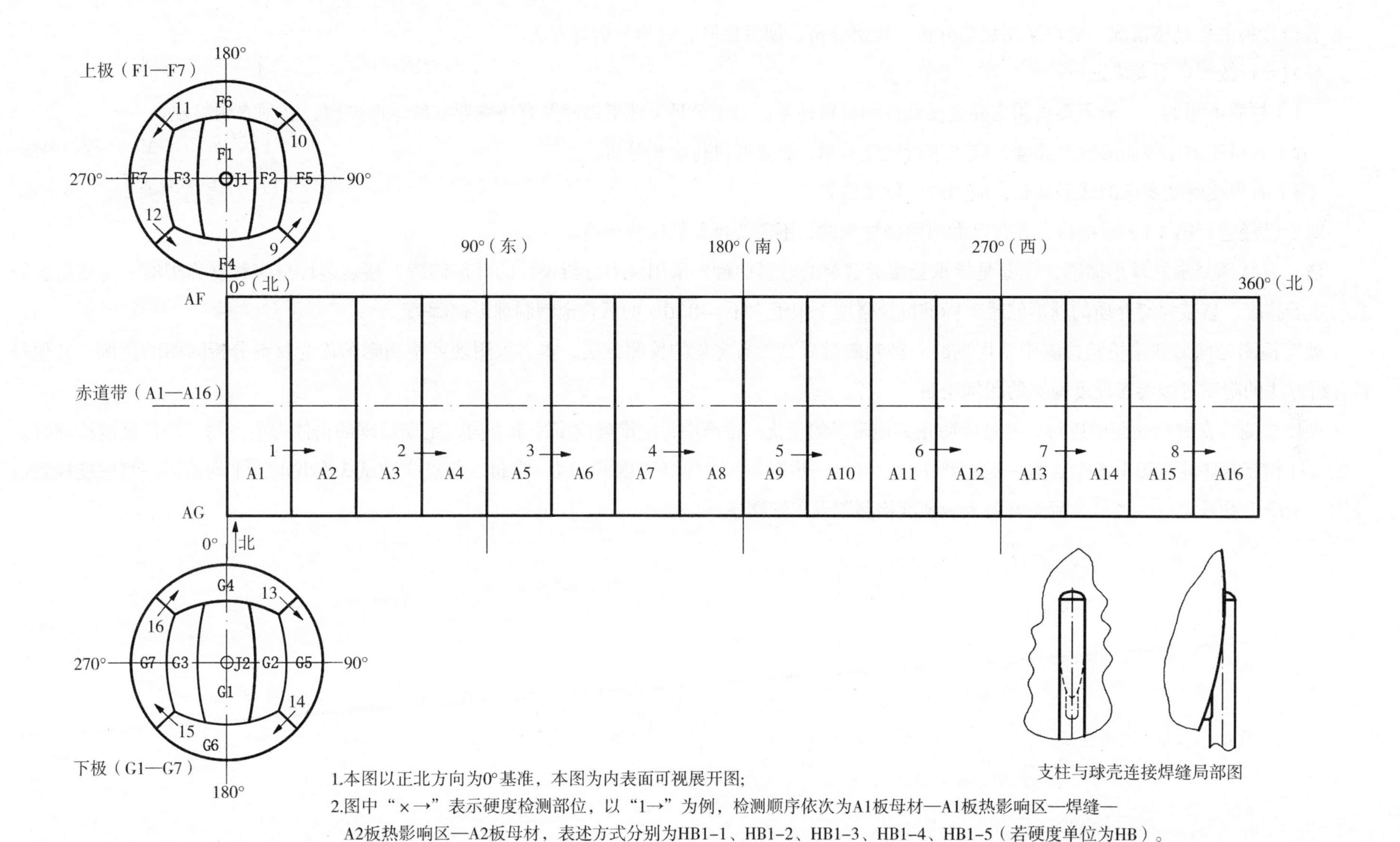

1.本图以正北方向为0°基准，本图为内表面可视展开图；

2.图中“×→”表示硬度检测部位，以“1→”为例，检测顺序依次为A1板母材—A1板热影响区—焊缝—A2板热影响区—A2板母材，表述方式分别为HB1-1、HB1-2、HB1-3、HB1-4、HB1-5（若硬度单位为HB）。

材料分析

材料分析根据具体情况，可以采用化学分析、光谱分析、硬度检测、金相分析等方法。

材料分析按照以下要求进行：

（1）材质不明的，一般需要查明主要受压元件的材料种类；对于第Ⅲ类球形储罐及有特殊要求的球形储罐，必须查明材质。

（2）有材质劣化倾向的球形储罐，应当进行硬度检测，必要时进行金相分析。

（3）有焊缝硬度要求的球形储罐，应当进行硬度检测。

对于已经进行第（1）项检验，并且已做出明确处理的，不需要再重复检验该项。

注：有特殊要求的球形储罐，主要是指承受疲劳载荷的球形储罐，采用应力分析设计的球形储罐，盛装毒性危害程度为极度、高度危害介质的球形储罐，盛装易爆介质的球形储罐，标准抗拉强度下限值大于540 MPa的低合金钢制球形储罐等。

硬度检测是球形储罐检验检测中常用到的一种判断材质是否有劣化的检测方法，本书采用硬度检测附图作为材料分析附图的范例，其他材料分析方法的附图可以参考硬度检测的图例绘制。

硬度检测应在磁粉检测前进行，并且应防止其他磁场的干扰。检测中，应准确设定冲击方向，定期清理冲击体内的污物。进行硬度检测时，一般选择相邻两块球壳板上5个点为一组，顺序为：母材—热影响区—焊缝—热影响区—母材，每点应测试3次并取其平均值。一组硬度检测点使用一个箭头符号“→”表示，箭头方向表示硬度检测测点布置顺序。

第三部分　1000m³ 混合式三带球罐

一、1000m³ 混合式三带球罐示意图

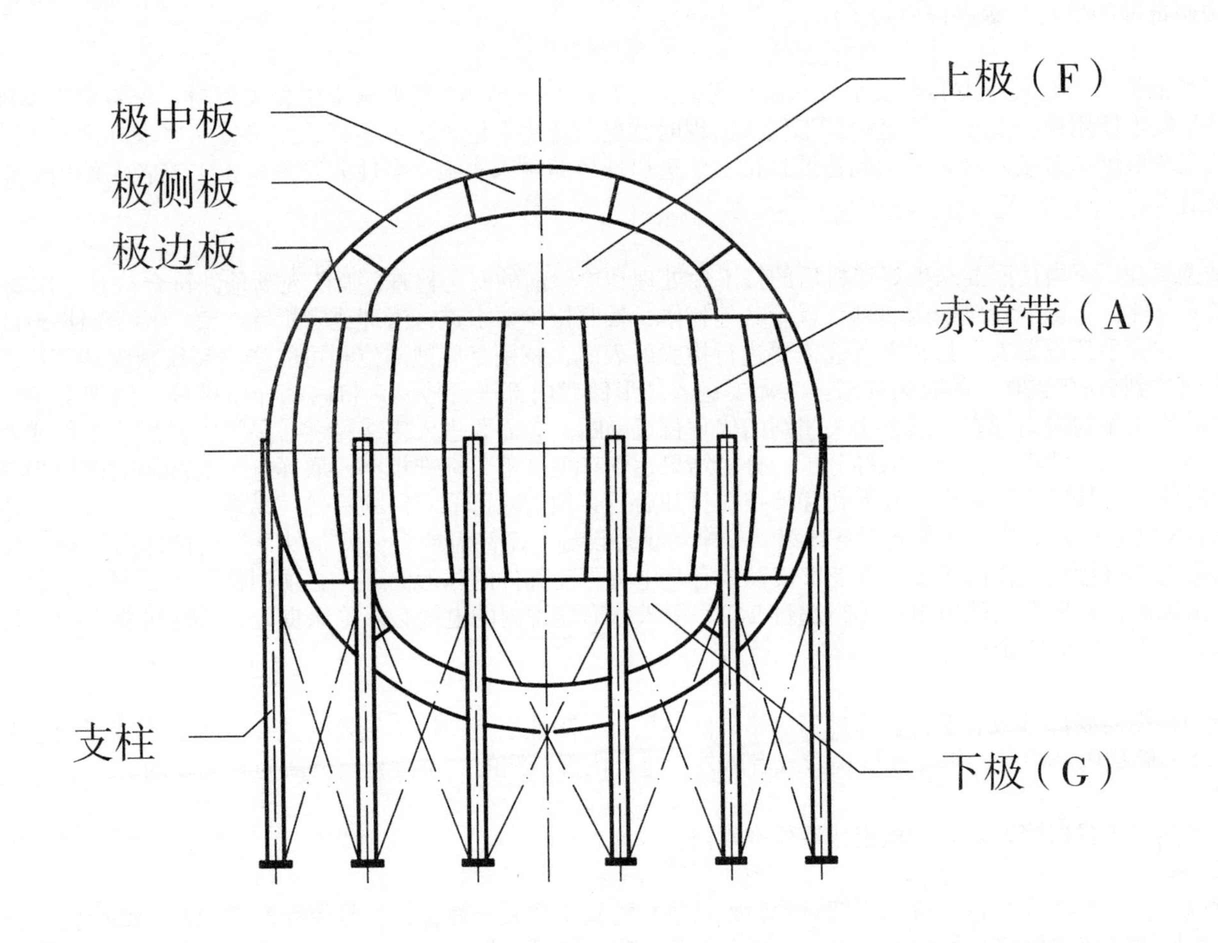

定期检验前的准备工作

1. 检验方案制订

检验前，检验机构应当根据球形储罐的使用情况、损伤模式及失效模式，依据《固定式压力容器安全技术监察规程》（TSG 21—2016）的要求制订检验方案，检验方案由检验机构技术负责人审查批准。球形储罐定期检验项目，以宏观检验、壁厚测定、表面缺陷检测、安全附件检验为主，必要时增加埋藏缺陷检测、材料分析、密封紧固件检验、强度校核、耐压试验、泄露试验等。对于有特殊情况的球形储罐的检验方案，检验机构应当征求使用单位的意见。

检验人员应当严格按照批准的检验方案进行检验工作。

2. 资料审查

检验前，使用单位应当依据《固定式压力容器安全技术监察规程》（TSG 21—2016）的要求提供相关资料。资料审查发现使用单位未按照要求对球形储罐进行年度检查，以及发生使用单位变更、更名使球形储罐的现时状况与使用登记表内容不符，而未按照要求办理变更的，检验机构应当向使用登记机关报告。资料审查发现球形储罐未按照规定实施制造监督检验（进口球形储罐未实施安全性能监督检验）或者无使用登记证，检验机构应当停止检验，并且向使用登记机关报告。

3. 现场条件要求

使用单位和相关的辅助单位，应当按照要求做好停机后的技术性处理和检验前的安全检查，确认现场条件符合检验工作要求，做好有关的准备工作。检验前，现场至少具备以下条件：①影响检验的附属部件或者其他物体，按照检验要求进行清理或者拆除。②为检验而搭设的脚手架、轻便梯等设施安全牢固（对离地面 2 m 以上的脚手架设置安全护栏）。③需要进行检验的表面，特别是腐蚀部位和可能产生裂纹缺陷的部位，彻底清理干净，露出金属本体；进行无损检测的表面达到 NB/T 47013 的有关要求。④需要进入球形储罐内部进行检验，将内部介质排放、清理干净，用盲板隔断所有液体、气体或者蒸气的来源，同时设置明显的隔离标志，禁止用关闭阀门代替盲板隔断。⑤需要进入盛装易燃、易爆、助燃、毒性或者窒息性介质的球形储罐内部进行检验，必须进行置换、中和、消毒、清洗，取样分析，分析结果达到有关规范、标准规定；取样分析的间隔时间应当符合使用单位的有关规定；盛装易燃、易爆、助燃介质的，严禁用空气置换。⑥人孔和检查孔打开后，必须清除可能滞留的易燃、易爆、有毒、有害气体和液体，球形储罐内部空间的气体含氧量保持在 0.195 以上；必要时，还需要配备通风、安全救护等设施。⑦高温或者低温条件下运行的球形储罐，按照操作规程的要求缓慢地降温或者升温，使之达到可以进行检验工作的程度。⑧能够转动或者其中有可动部件的球形储罐，必须锁住开关，固定牢靠。⑨切断与球形储罐有关的电源，设置明显的安全警示标志；检验照明用电电压不得超过 24V，引入球形储罐内的电缆必须绝缘良好、接地可靠。⑩需要现场进行射线检测时，隔离出透照区，设置警示标志，遵守相应安全规定。

4. 隔热层拆除

存在以下情况时，应当根据需要部分或者全部拆除球形储罐外隔热层：①隔热层有破损、失效的。②隔热层下球形储罐壳体存在腐蚀或者外表面开裂可能性的。③无法进行球形储罐内部检验，需要外壁检验或者从外壁进行内部检测的。④检验人员认为有必要的。

5. 设备仪器检定校准

检验用的设备、仪器和测量工具应当在有效的检定或者校准期内。

6. 检验工作安全要求

进行检验时应当注意以下安全：①检验机构应当定期对检验人员进行检验工作安全教育，并且保存教育记录。②检验人员确认现场条件符合检验工作要求后方可进行检验，并且执行使用单位有关动火、用电、高空作业、球形储罐内作业、安全防护、安全监护等规定。③检验时，使用单位球形储罐安全管理人员、作业和维护保养等相关人员应当到场协助检验工作，及时提供有关资料，负责安全监护，并且设置可靠的联络方式。

二、1000m³ 混合式三带球罐展开图

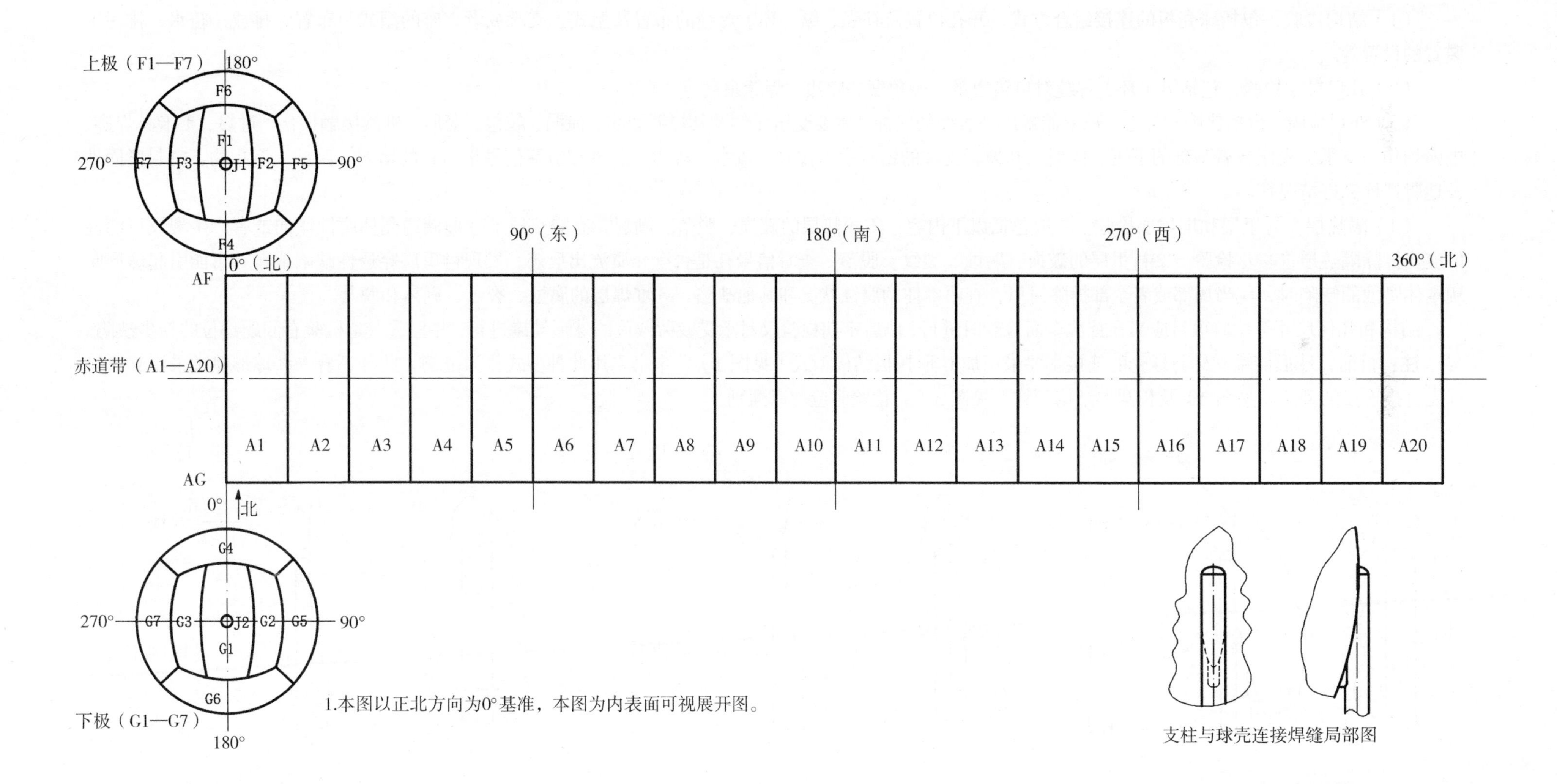

支柱与球壳连接焊缝局部图

宏观检验

宏观检验主要是采用目视方法（必要时利用内窥镜、放大镜或者其他辅助仪器设备、测量工具）检验球形储罐本体结构、几何尺寸、表面情况（如裂纹、腐蚀、泄漏、变形），以及焊缝、隔热层、衬里等，一般包括以下内容：

（1）结构检验，包括球壳板的连接组合方式、开孔位置及补强、纵（环）焊缝的布置及型式、支承或者支座的型式与布置、排放（疏水、排污）装置的设置等。

（2）几何尺寸检验，包括纵（环）焊缝对口错边量、棱角度、咬边、焊缝余高等。

（3）外观检验，包括铭牌和标志，球形储罐内外表面的腐蚀，主要受压元件及其焊缝裂纹、泄漏、鼓包、变形、机械接触损伤、过热，工卡具焊迹、电弧灼伤，支承、支座或者基础的下沉、倾斜、开裂，支柱的铅垂度，排放（疏水、排污）装置和泄漏信号指示孔的堵塞、腐蚀、沉积物，密封紧固件及地脚螺栓完好情况等。

（4）隔热层、衬里层和堆焊层检验，一般包括以下内容：①隔热层的破损、脱落、潮湿，有隔热层下球形储罐壳体腐蚀倾向或者产生裂纹可能性的应当拆除隔热层进一步检验。②衬里层的破损、腐蚀、裂纹、脱落，查看信号孔是否有介质流出痕迹；发现衬里层穿透性缺陷或者有可能引起球形储罐本体腐蚀的缺陷时，应当局部或者全部拆除衬里，查明本体的腐蚀状况和其他缺陷。③堆焊层的腐蚀、裂纹、剥离和脱落。

结构和几何尺寸等检验项目应当在首次全面检验时进行，以后定期检验仅对承受疲劳载荷的球形储罐进行，并且重点是检验有问题部位的新生缺陷。

注：目前，球形储罐支柱与球壳的连接主要采用加 U 形托板结构型式（见图 1），本书采用此种型式作为范例，此外还有一些球形储罐采用支柱与球壳直接连接的型式（见图 2）及长圆形结构型式（见图 3），检验时应加以甄别。

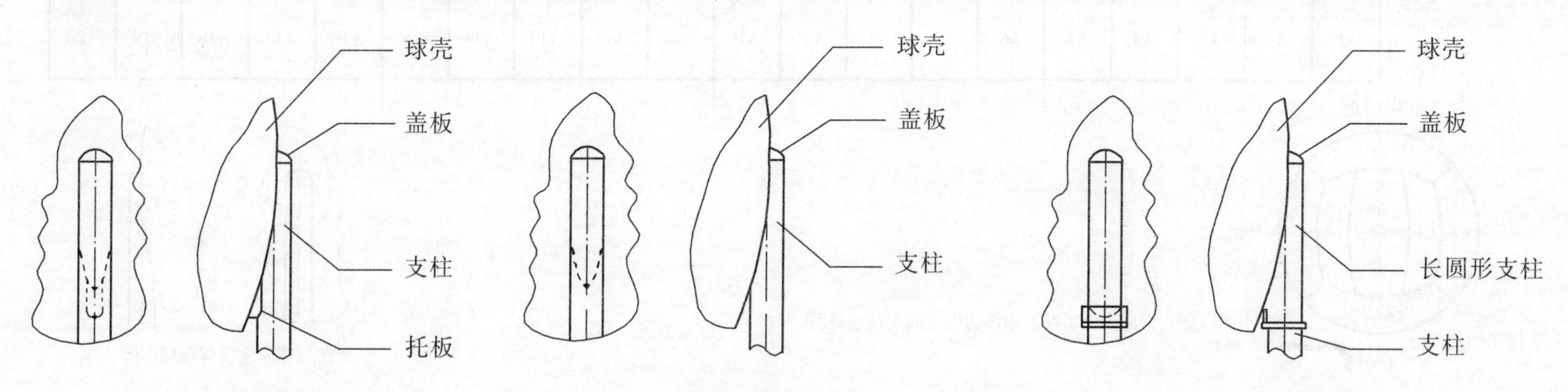

图 1　加 U 形托板结构型式　　图 2　直接连接结构型式　　图 3　长圆形结构型式

三、1000m³混合式三带球罐壁厚测定球壳板测厚图

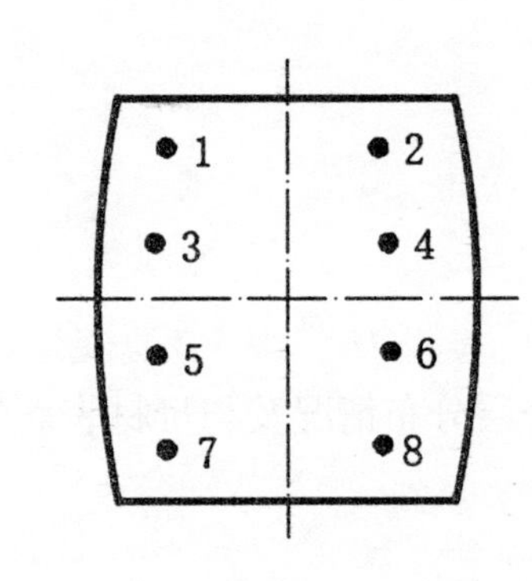

赤道板（A1—A20）测厚点位置图

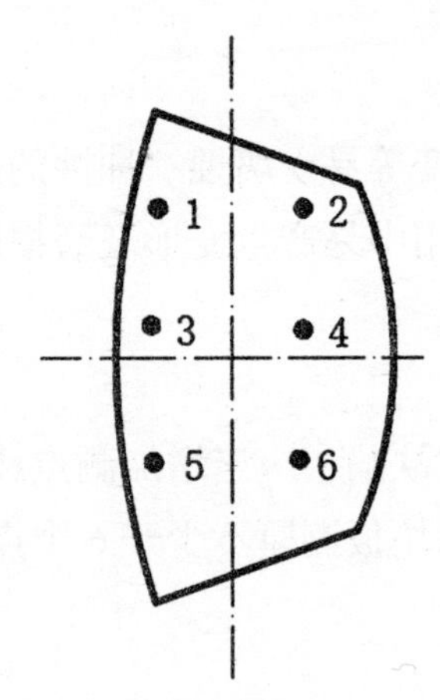

上极边板（F4—F7）、下极侧板（G4—G7）测厚点位置图

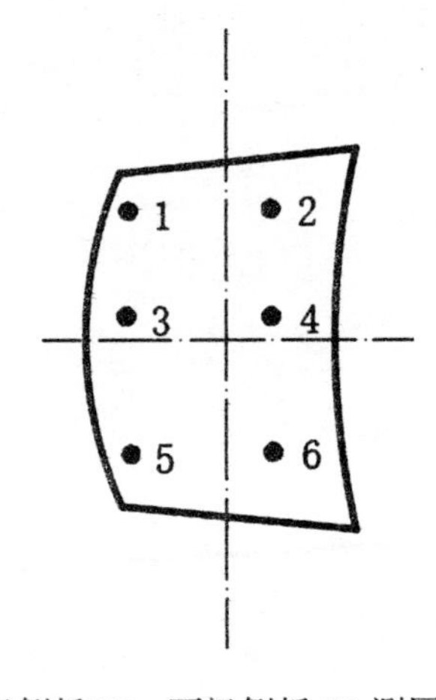

上极侧板 F3、下极侧板 G3 测厚点位置图

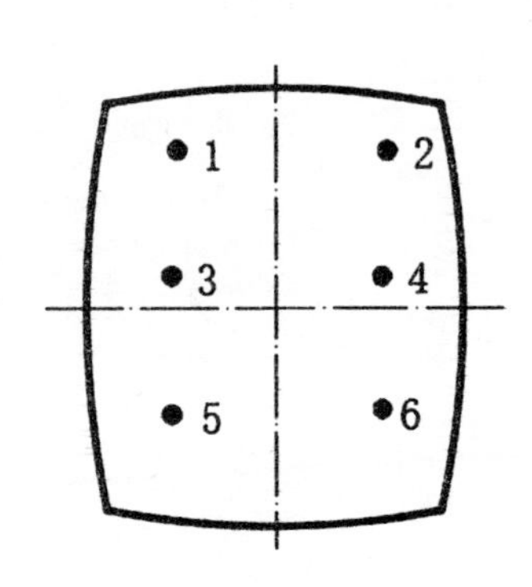

上极中板 F1、下极中板 G1 测厚点位置图

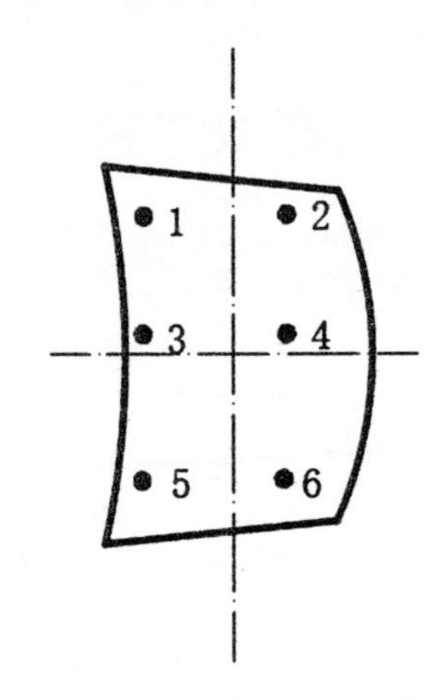

上极侧板 F2、下极侧板 G2 测厚点位置图

壁厚测定

壁厚测定，一般采用超声波测厚方法。测定位置应当有代表性，有足够的测点数。测定后标图记录，对异常测厚点做详细标记。

厚度测点，一般选择以下位置：

（1）液位经常波动的部位。

（2）物料进口、流动转向、截面突变等易受腐蚀、冲蚀的部位。

（3）制造成型时壁厚减薄部位和使用中易产生变形及磨损的部位。

（4）接管部位。

（5）宏观检验时发现的可疑部位。

壁厚测定时，如果发现母材存在分层缺陷，应当增加测点或者采用超声波检测，查明分层分布情况及与母材表面的倾斜度，同时做图记录。

壁厚测定一般应覆盖每块球壳板，每块板测厚不少于 6 个点。

四、1000m³ 混合式三带球罐无损检测附图

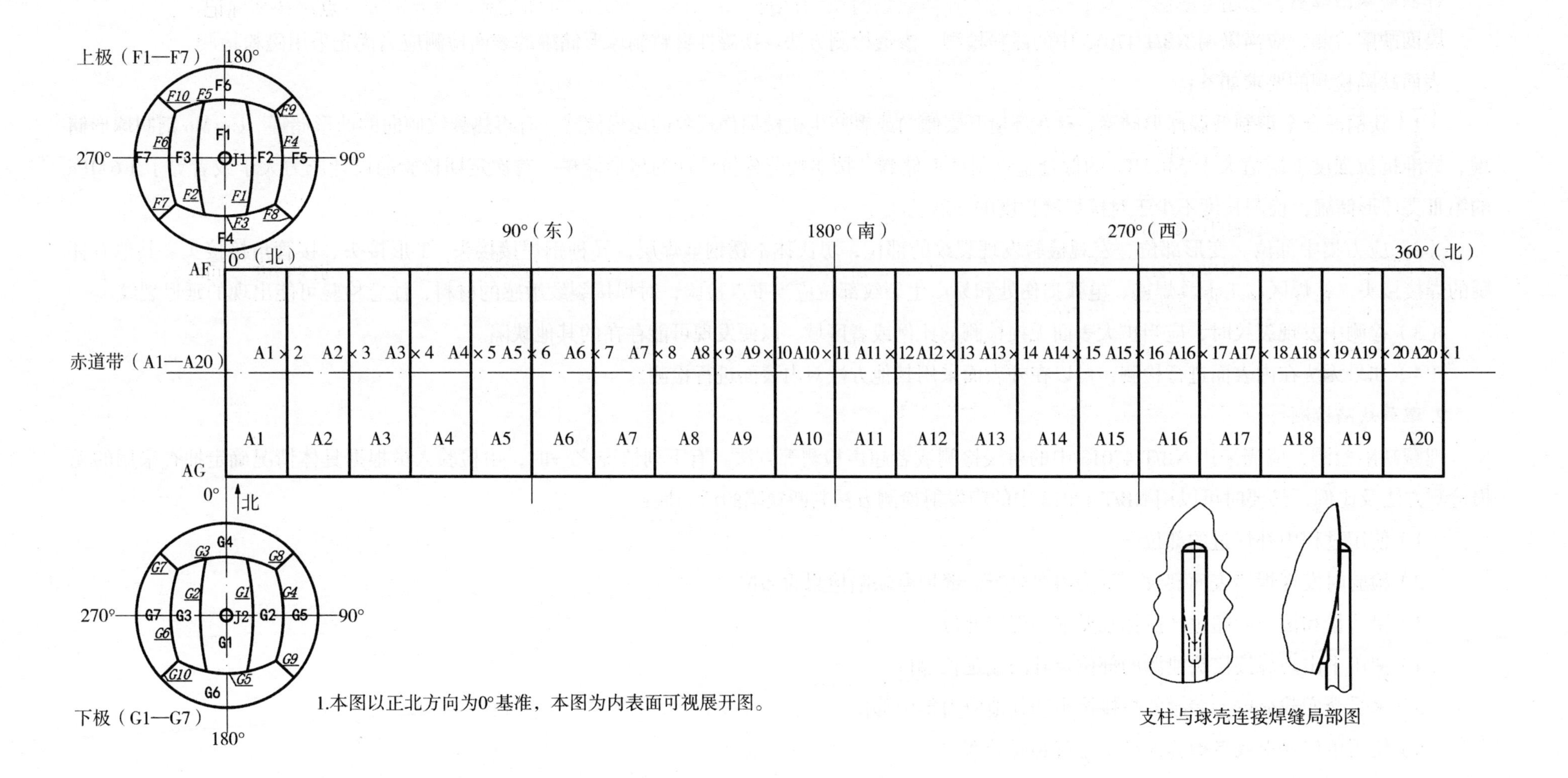

支柱与球壳连接焊缝局部图

1. 表面缺陷检测

表面缺陷检测，应当采用 NB/T 47013 中的磁粉检测、渗透检测方法。铁磁性材料制球形储罐的表面检测应当优先采用磁粉检测。

表面缺陷检测的要求如下：

（1）碳钢低合金钢制低温球形储罐、存在环境开裂倾向或者产生机械损伤现象的球形储罐、有再热裂纹倾向的球形储罐、Cr–Mo 钢制球形储罐、标准抗拉强度下限值大于 540 MPa 的低合金钢制球形储罐、按照疲劳分析设计的球形储罐、首次定期检验的设计压力大于或者等于 1.6 MPa 的第Ⅲ类球形储罐，检测长度不少于对接焊缝长度的 20%。

（2）应力集中部位、变形部位、宏观检验发现裂纹的部位，奥氏体不锈钢堆焊层，异种钢焊接接头、T 形接头、接管角接接头、其他有怀疑的焊接接头，补焊区、工卡具焊迹、电弧损伤处和易产生裂纹部位应当重点检验；对焊接裂纹敏感的材料，注意检验可能出现的延迟裂纹。

（3）检测中发现裂纹时，应当扩大表面无损检测的比例或者区域，以便发现可能存在的其他缺陷。

（4）如果无法在内表面进行检测，可以在外表面采用其他方法对内表面进行检测。

2. 埋藏缺陷检测

埋藏缺陷检测，应当采用 NB/T 47013 中的射线检测或者超声检测等方法。有下列情况之一时，由检验人员根据具体情况确定抽查采用的无损检测方法及比例，必要时可以用 NB/T 47013 中的声发射检测方法判断缺陷的活动性：

（1）使用过程中补焊过的部位。

（2）检验时发现焊缝表面裂纹，认为需要进行焊缝埋藏缺陷检测的部位。

（3）错边量和棱角度超过产品标准要求的焊缝部位。

（4）使用中出现焊接接头泄漏的部位及其两端延长部位。

（5）承受交变载荷球形储罐的焊接接头和其他应力集中部位。

（6）使用单位要求或者检验人员认为有必要的部位。

已进行过埋藏缺陷检测的，使用过程中如果无异常情况，可以不再进行检测。

五、1000m³ 混合式三带球罐硬度检测附图

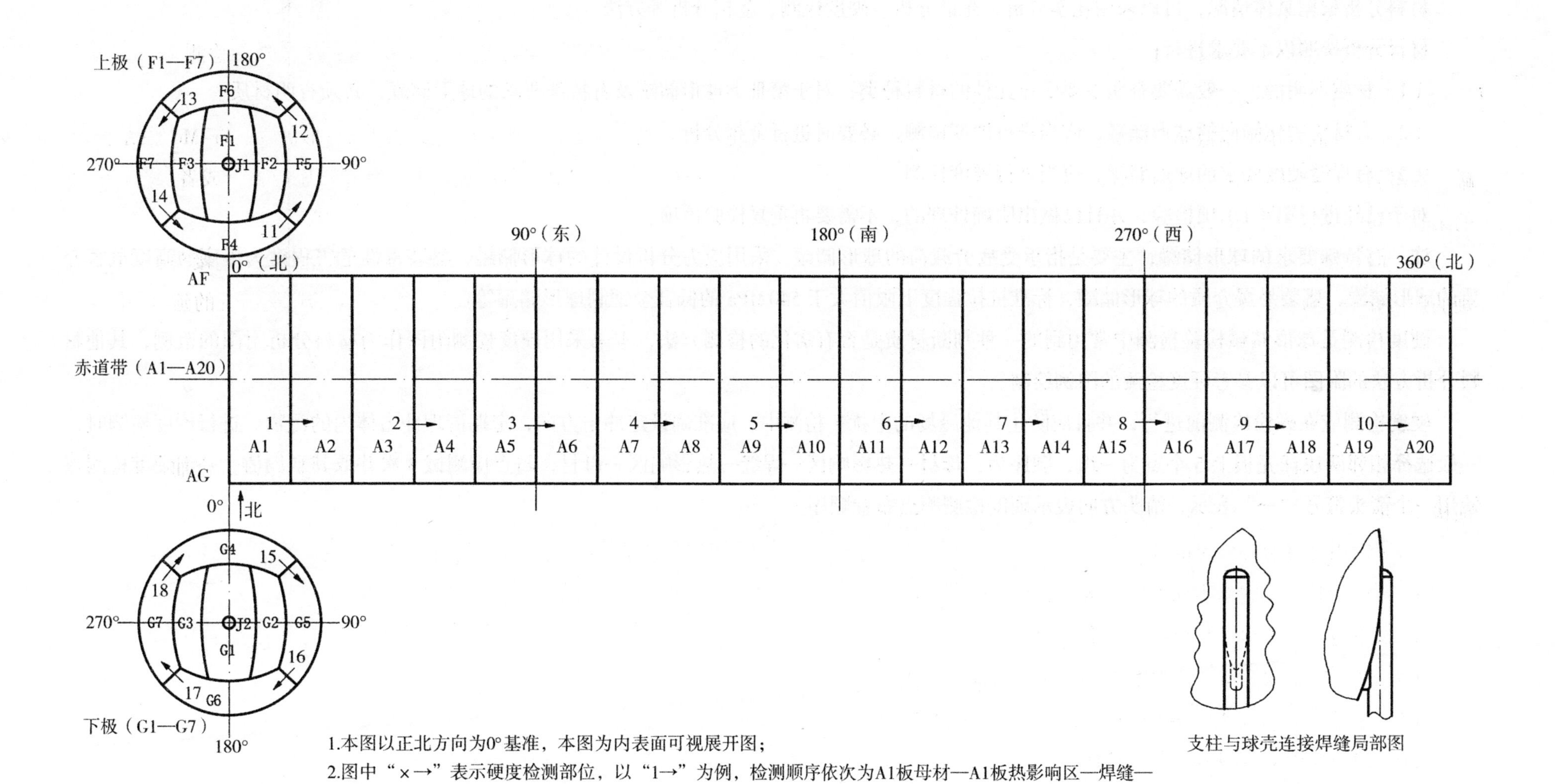

1.本图以正北方向为0°基准，本图为内表面可视展开图；

2.图中“×→”表示硬度检测部位，以“1→”为例，检测顺序依次为A1板母材—A1板热影响区—焊缝—A2板热影响区—A2板母材，表述方式分别为HB1-1、HB1-2、HB1-3、HB1-4、HB1-5（若硬度单位为HB）。

支柱与球壳连接焊缝局部图

材料分析

材料分析根据具体情况，可以采用化学分析、光谱分析、硬度检测、金相分析等方法。

材料分析按照以下要求进行：

（1）材质不明的，一般需要查明主要受压元件的材料种类；对于第Ⅲ类球形储罐及有特殊要求的球形储罐，必须查明材质。

（2）有材质劣化倾向的球形储罐，应当进行硬度检测，必要时进行金相分析。

（3）有焊缝硬度要求的球形储罐，应当进行硬度检测。

对于已经进行第（1）项检验，并且已做出明确处理的，不需要再重复检验该项。

注：有特殊要求的球形储罐，主要是指承受疲劳载荷的球形储罐，采用应力分析设计的球形储罐，盛装毒性危害程度为极度、高度危害介质的球形储罐，盛装易爆介质的球形储罐，标准抗拉强度下限值大于540 MPa的低合金钢制球形储罐等。

硬度检测是球形储罐检验检测中常用到的一种判断材质是否有劣化的检测方法，本书采用硬度检测附图作为材料分析附图的范例，其他材料分析方法的附图可以参考硬度检测的图例绘制。

硬度检测应在磁粉检测前进行，并且应防止其他磁场的干扰。检测中，应准确设定冲击方向，定期清理冲击体内的污物。进行硬度检测时，一般选择相邻两块球壳板上5个点为一组，顺序为：母材—热影响区—焊缝—热影响区—母材，每点应测试3次并取其平均值。一组硬度检测点使用一个箭头符号“→”表示，箭头方向表示硬度检测测点布置顺序。

第四部分　1500m³ 混合式三带球罐

一、1500㎥ 混合式三带球罐示意图

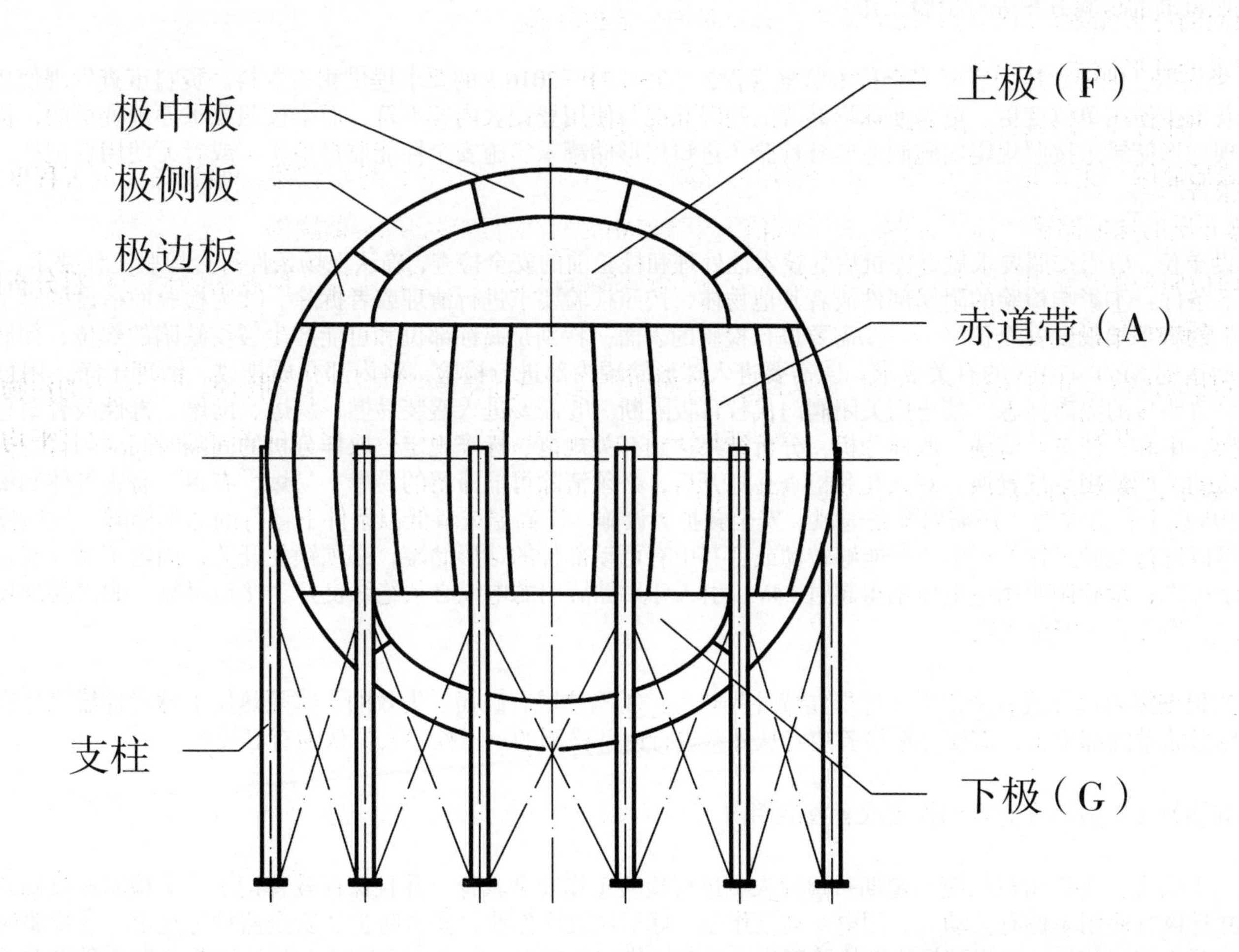

定期检验前的准备工作

1. 检验方案制订

检验前，检验机构应当根据球形储罐的使用情况、损伤模式及失效模式，依据《固定式压力容器安全技术监察规程》（TSG 21—2016）的要求制订检验方案，检验方案由检验机构技术负责人审查批准。球形储罐定期检验项目，以宏观检验、壁厚测定、表面缺陷检测、安全附件检验为主，必要时增加埋藏缺陷检测、材料分析、密封紧固件检验、强度校核、耐压试验、泄露试验等。对于有特殊情况的球形储罐的检验方案，检验机构应当征求使用单位的意见。

检验人员应当严格按照批准的检验方案进行检验工作。

2. 资料审查

检验前，使用单位应当依据《固定式压力容器安全技术监察规程》（TSG 21—2016）的要求提供相关资料。资料审查发现使用单位未按照要求对球形储罐进行年度检查，以及发生使用单位变更、更名使球形储罐的现时状况与使用登记表内容不符，而未按照要求办理变更的，检验机构应当向使用登记机关报告。资料审查发现球形储罐未按照规定实施制造监督检验（进口球形储罐未实施安全性能监督检验）或者无使用登记证，检验机构应当停止检验，并且向使用登记机关报告。

3. 现场条件要求

使用单位和相关的辅助单位，应当按照要求做好停机后的技术性处理和检验前的安全检查，确认现场条件符合检验工作要求，做好有关的准备工作。检验前，现场至少具备以下条件：①影响检验的附属部件或者其他物体，按照检验要求进行清理或者拆除。②为检验而搭设的脚手架、轻便梯等设施安全牢固（对离地面 2 m 以上的脚手架设置安全护栏）。③需要进行检验的表面，特别是腐蚀部位和可能产生裂纹缺陷的部位，彻底清理干净，露出金属本体；进行无损检测的表面达到 NB/T 47013 的有关要求。④需要进入球形储罐内部进行检验，将内部介质排放、清理干净，用盲板隔断所有液体、气体或者蒸气的来源，同时设置明显的隔离标志，禁止用关闭阀门代替盲板隔断。⑤需要进入盛装易燃、易爆、助燃、毒性或者窒息性介质的球形储罐内部进行检验，必须进行置换、中和、消毒、清洗，取样分析，分析结果达到有关规范、标准规定；取样分析的间隔时间应当符合使用单位的有关规定；盛装易燃、易爆、助燃介质的，严禁用空气置换。⑥人孔和检查孔打开后，必须清除可能滞留的易燃、易爆、有毒、有害气体和液体，球形储罐内部空间的气体含氧量保持在 0.195 以上；必要时，还需要配备通风、安全救护等设施。⑦高温或者低温条件下运行的球形储罐，按照操作规程的要求缓慢地降温或者升温，使之达到可以进行检验工作的程度。⑧能够转动或者其中有可动部件的球形储罐，必须锁住开关，固定牢靠。⑨切断与球形储罐有关的电源，设置明显的安全警示标志；检验照明用电电压不得超过 24V，引入球形储罐内的电缆必须绝缘良好、接地可靠。⑩需要现场进行射线检测时，隔离出透照区，设置警示标志，遵守相应安全规定。

4. 隔热层拆除

存在以下情况时，应当根据需要部分或者全部拆除球形储罐外隔热层：①隔热层有破损、失效的。②隔热层下球形储罐壳体存在腐蚀或者外表面开裂可能性的。③无法进行球形储罐内部检验，需要外壁检验或者从外壁进行内部检测的。④检验人员认为有必要的。

5. 设备仪器检定校准

检验用的设备、仪器和测量工具应当在有效的检定或者校准期内。

6. 检验工作安全要求

进行检验时应当注意以下安全：①检验机构应当定期对检验人员进行检验工作安全教育，并且保存教育记录。②检验人员确认现场条件符合检验工作要求后方可进行检验，并且执行使用单位有关动火、用电、高空作业、球形储罐内作业、安全防护、安全监护等规定。③检验时，使用单位球形储罐安全管理人员、作业和维护保养等相关人员应当到场协助检验工作，及时提供有关资料，负责安全监护，并且设置可靠的联络方式。

二、1500m³ 混合式三带球罐展开图

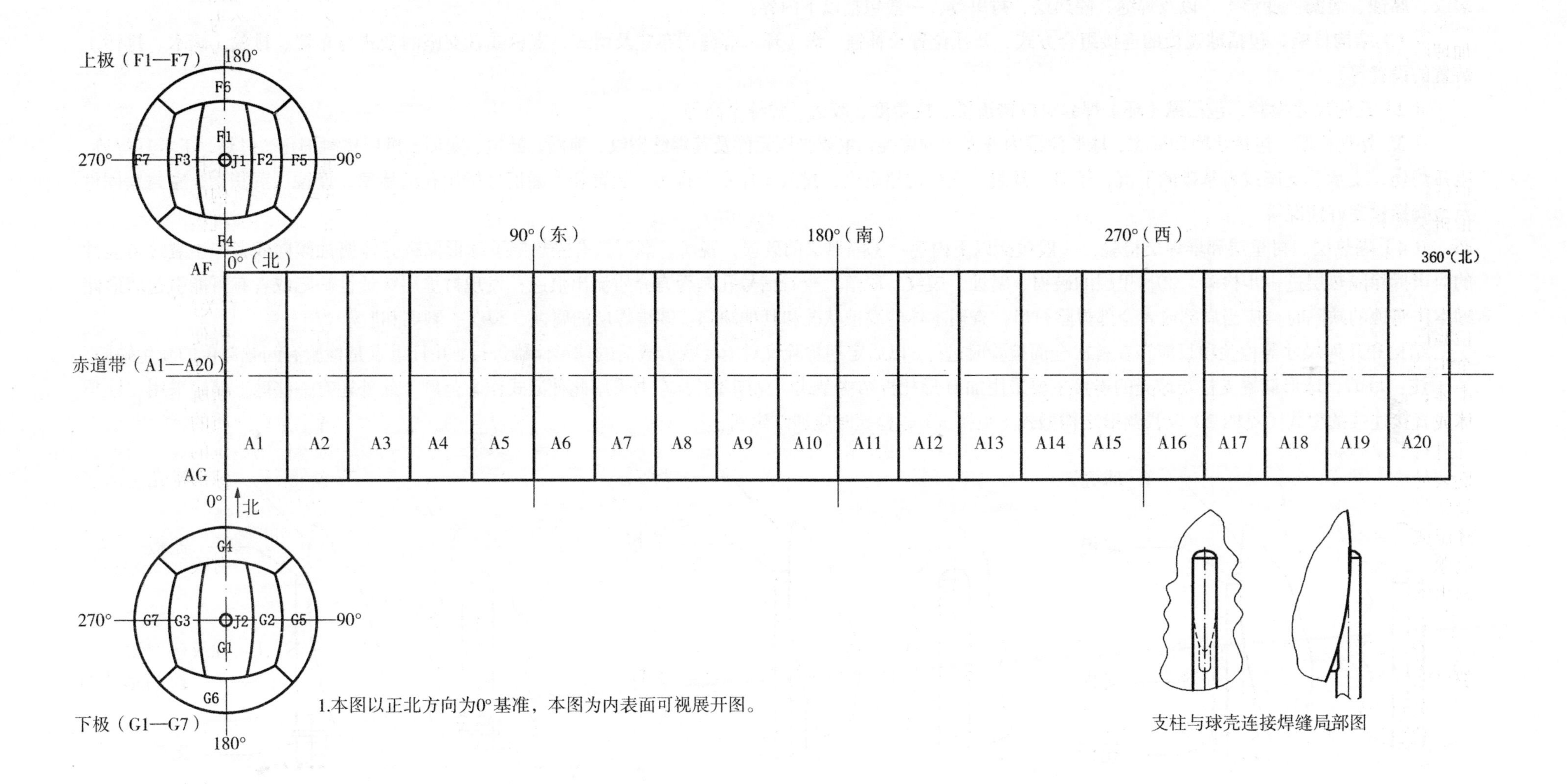

宏观检验

宏观检验主要是采用目视方法（必要时利用内窥镜、放大镜或者其他辅助仪器设备、测量工具）检验球形储罐本体结构、几何尺寸、表面情况（如裂纹、腐蚀、泄漏、变形），以及焊缝、隔热层、衬里等，一般包括以下内容：

（1）结构检验，包括球壳板的连接组合方式、开孔位置及补强、纵（环）焊缝的布置及型式、支承或者支座的型式与布置、排放（疏水、排污）装置的设置等。

（2）几何尺寸检验，包括纵（环）焊缝对口错边量、棱角度、咬边、焊缝余高等。

（3）外观检验，包括铭牌和标志，球形储罐内外表面的腐蚀，主要受压元件及其焊缝裂纹、泄漏、鼓包、变形、机械接触损伤、过热，工卡具焊迹、电弧灼伤，支承、支座或者基础的下沉、倾斜、开裂，支柱的铅垂度，排放（疏水、排污）装置和泄漏信号指示孔的堵塞、腐蚀、沉积物，密封紧固件及地脚螺栓完好情况等。

（4）隔热层、衬里层和堆焊层检验，一般包括以下内容：①隔热层的破损、脱落、潮湿，有隔热层下球形储罐壳体腐蚀倾向或者产生裂纹可能性的应当拆除隔热层进一步检验。②衬里层的破损、腐蚀、裂纹、脱落，查看信号孔是否有介质流出痕迹；发现衬里层穿透性缺陷或者有可能引起球形储罐本体腐蚀的缺陷时，应当局部或者全部拆除衬里，查明本体的腐蚀状况和其他缺陷。③堆焊层的腐蚀、裂纹、剥离和脱落。

结构和几何尺寸等检验项目应当在首次全面检验时进行，以后定期检验仅对承受疲劳载荷的球形储罐进行，并且重点是检验有问题部位的新生缺陷。

注：目前，球形储罐支柱与球壳的连接主要采用加 U 形托板结构型式（见图 1），本书采用此种型式作为范例，此外还有一些球形储罐采用支柱与球壳直接连接的型式（见图 2）及长圆形结构型式（见图 3），检验时应加以甄别。

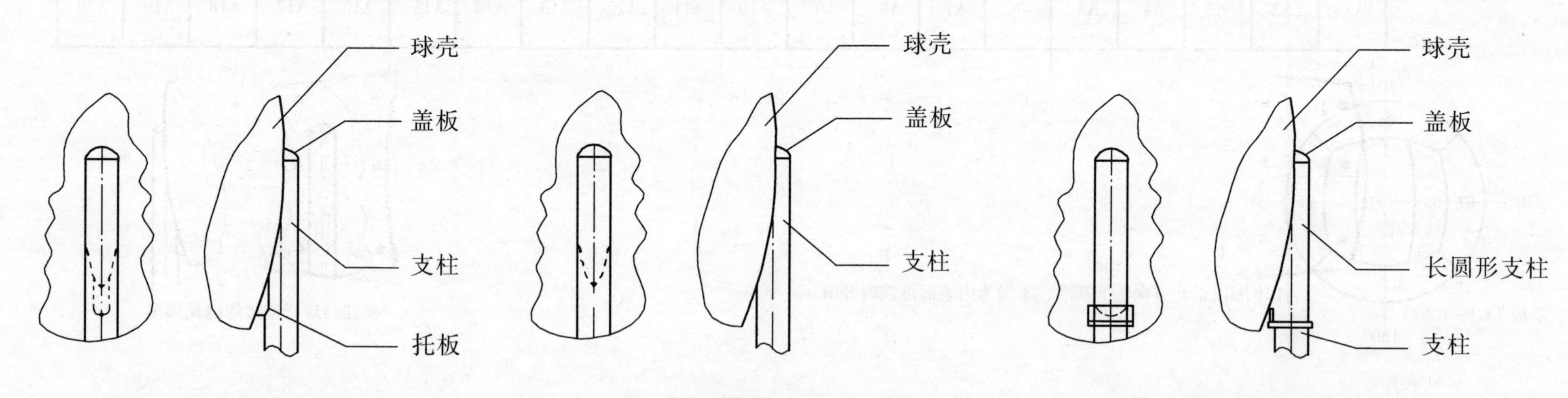

图 1　加U形托板结构型式　　图 2　直接连接结构型式　　图 3　长圆形结构型式

三、1500m³混合式三带球罐壁厚测定球壳板测厚图

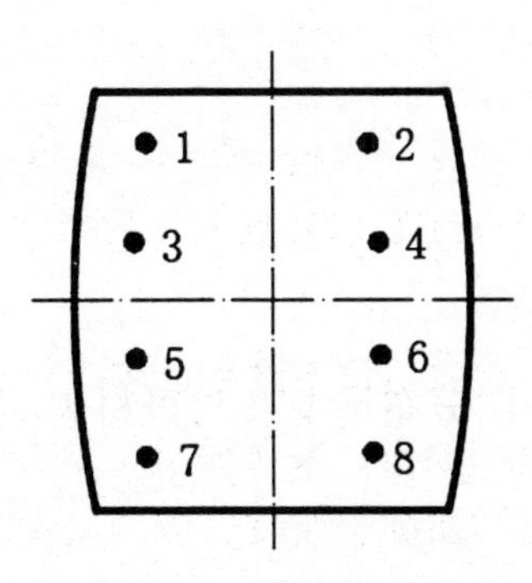

赤道板（A1—A20）测厚点位置图

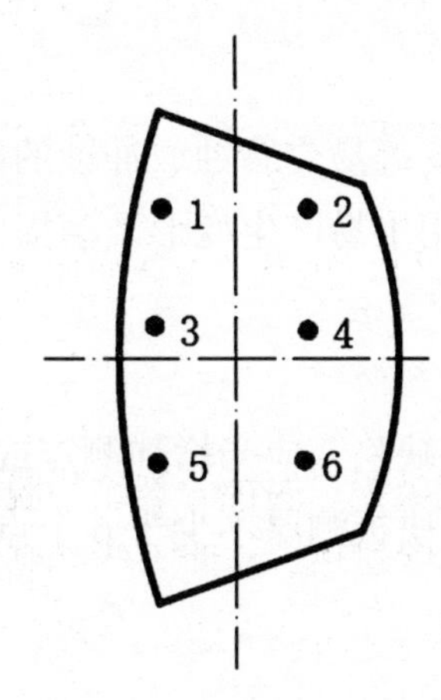

上极边板（F4—F7）、下极侧板（G4—G7）测厚点位置图

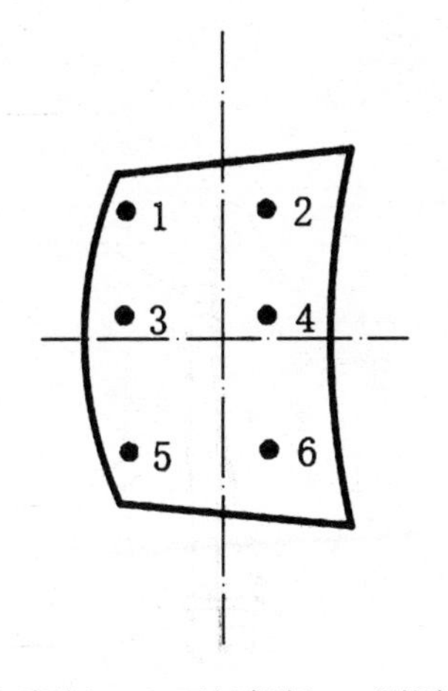

上极侧板 F3、下极侧板 G3 测厚点位置图

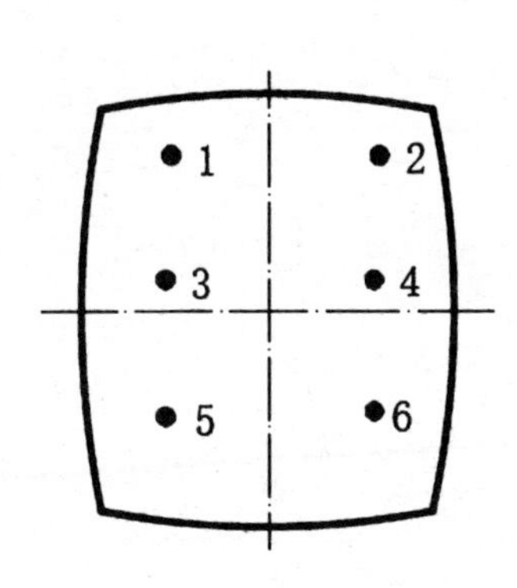

上极中板 F1、下极中板 G1 测厚点位置图

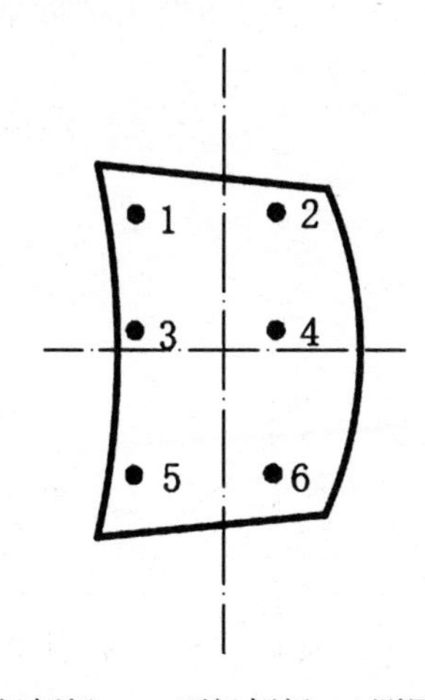

上极侧板 F2、下极侧板 G2 测厚点位置图

壁厚测定

壁厚测定，一般采用超声波测厚方法。测定位置应当有代表性，有足够的测点数。测定后标图记录，对异常测厚点做详细标记。

厚度测点，一般选择以下位置：

（1）液位经常波动的部位。

（2）物料进口、流动转向、截面突变等易受腐蚀、冲蚀的部位。

（3）制造成型时壁厚减薄部位和使用中易产生变形及磨损的部位。

（4）接管部位。

（5）宏观检验时发现的可疑部位。

壁厚测定时，如果发现母材存在分层缺陷，应当增加测点或者采用超声波检测，查明分层分布情况及与母材表面的倾斜度，同时做图记录。

壁厚测定一般应覆盖每块球壳板，每块板测厚不少于 6 个点。

四、1500m³ 混合式三带球罐无损检测附图

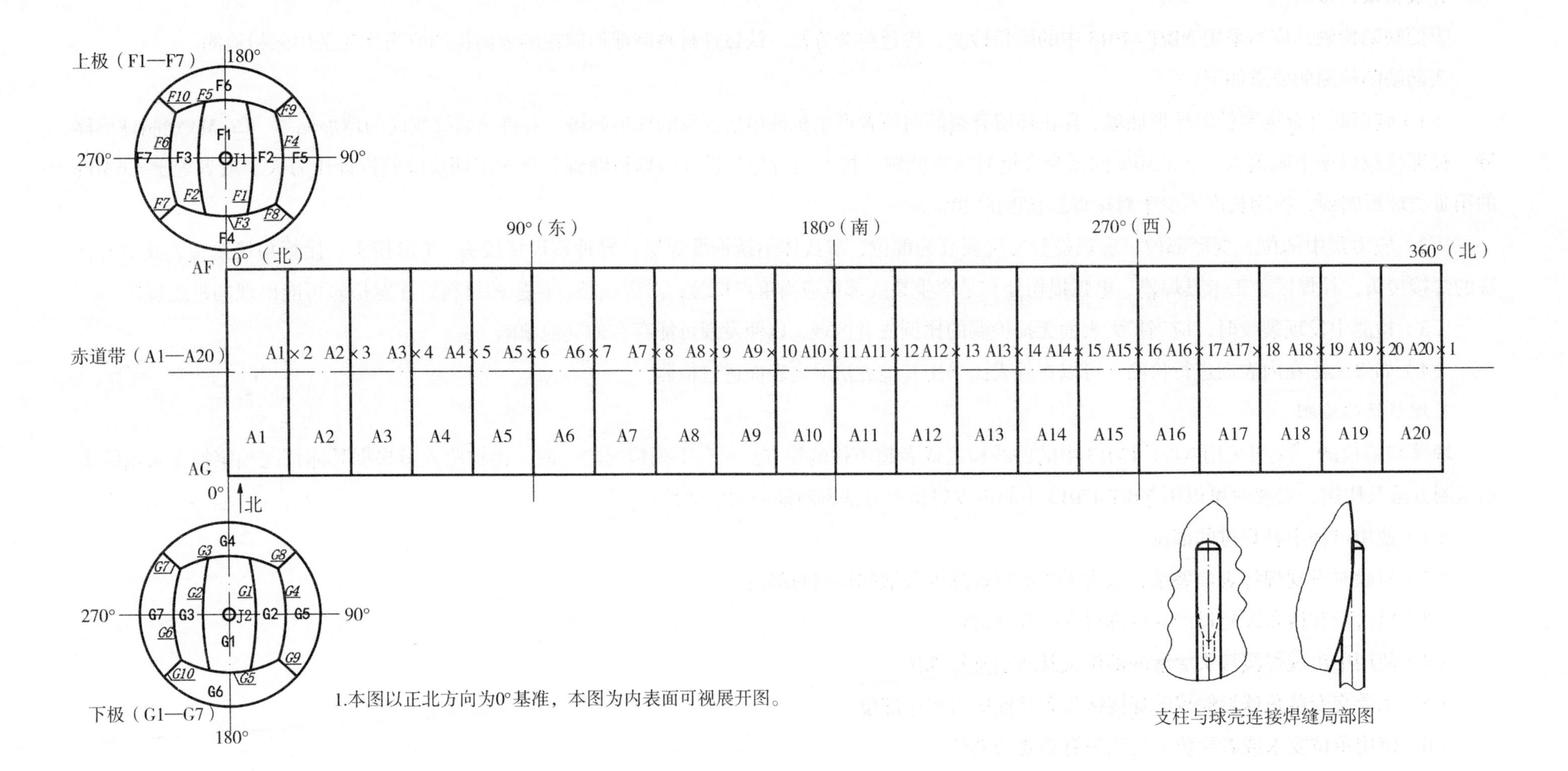

支柱与球壳连接焊缝局部图

无损检测

1. 表面缺陷检测

表面缺陷检测，应当采用 NB/T 47013 中的磁粉检测、渗透检测方法。铁磁性材料制球形储罐的表面检测应当优先采用磁粉检测。

表面缺陷检测的要求如下：

（1）碳钢低合金钢制低温球形储罐、存在环境开裂倾向或者产生机械损伤现象的球形储罐、有再热裂纹倾向的球形储罐、Cr–Mo 钢制球形储罐、标准抗拉强度下限值大于 540 MPa 的低合金钢制球形储罐、按照疲劳分析设计的球形储罐、首次定期检验的设计压力大于或者等于 1.6 MPa 的第Ⅲ类球形储罐，检测长度不少于对接焊缝长度的 20%。

（2）应力集中部位、变形部位、宏观检验发现裂纹的部位，奥氏体不锈钢堆焊层，异种钢焊接接头、T 形接头、接管角接接头、其他有怀疑的焊接接头，补焊区、工卡具焊迹、电弧损伤处和易产生裂纹部位应当重点检验；对焊接裂纹敏感的材料，注意检验可能出现的延迟裂纹。

（3）检测中发现裂纹时，应当扩大表面无损检测的比例或者区域，以便发现可能存在的其他缺陷。

（4）如果无法在内表面进行检测，可以在外表面采用其他方法对内表面进行检测。

2. 埋藏缺陷检测

埋藏缺陷检测，应当采用 NB/T 47013 中的射线检测或者超声检测等方法。有下列情况之一时，由检验人员根据具体情况确定抽查采用的无损检测方法及比例，必要时可以用 NB/T 47013 中的声发射检测方法判断缺陷的活动性：

（1）使用过程中补焊过的部位。

（2）检验时发现焊缝表面裂纹，认为需要进行焊缝埋藏缺陷检测的部位。

（3）错边量和棱角度超过产品标准要求的焊缝部位。

（4）使用中出现焊接接头泄漏的部位及其两端延长部位。

（5）承受交变载荷球形储罐的焊接接头和其他应力集中部位。

（6）使用单位要求或者检验人员认为有必要的部位。

已进行过埋藏缺陷检测的，使用过程中如果无异常情况，可以不再进行检测。

五、1500m³混合式三带球罐硬度检测附图

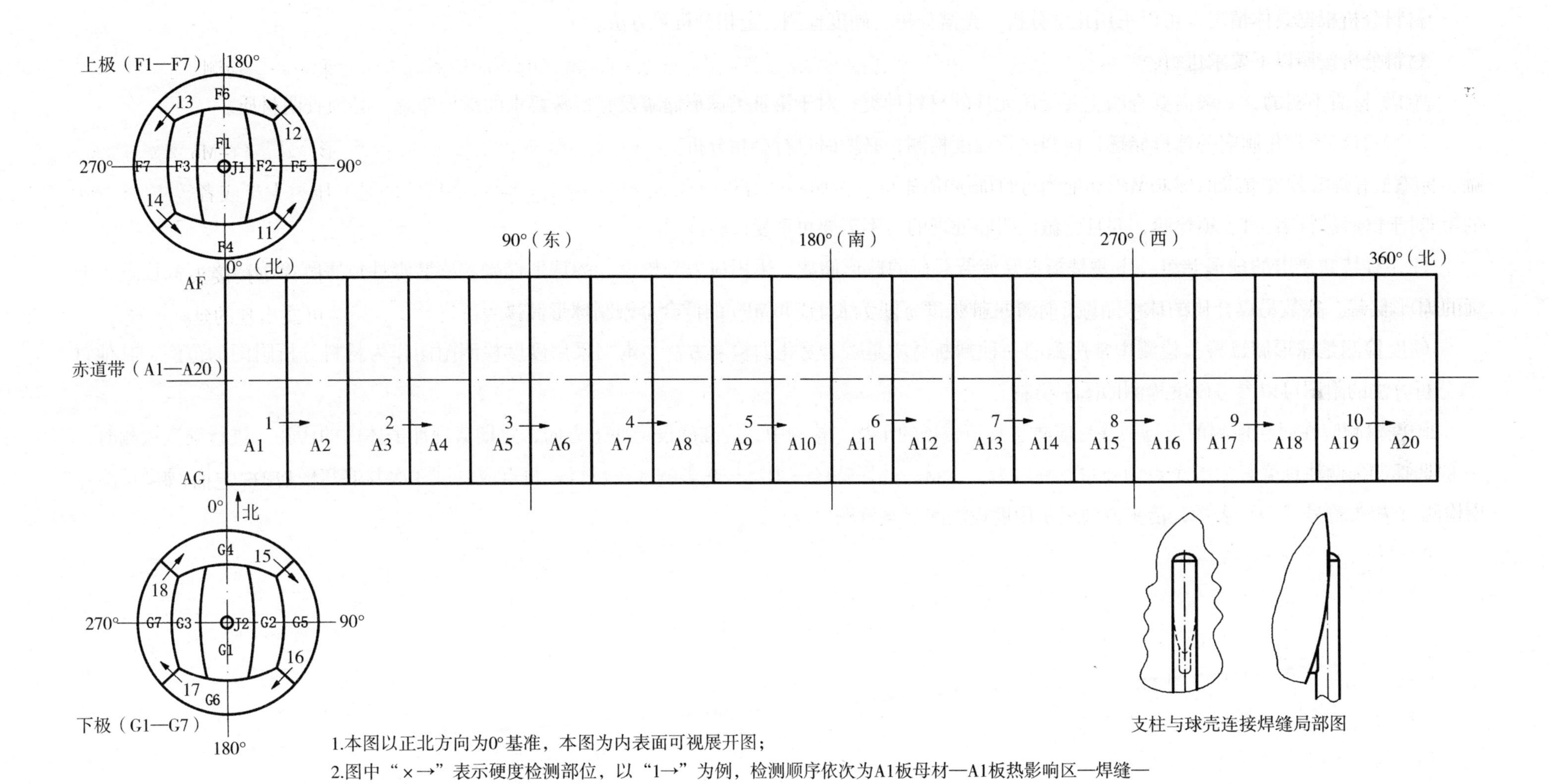

支柱与球壳连接焊缝局部图

1.本图以正北方向为0°基准，本图为内表面可视展开图；

2.图中“×→”表示硬度检测部位，以“1→”为例，检测顺序依次为A1板母材—A1板热影响区—焊缝—A2板热影响区—A2板母材，表述方式分别为HB1-1、HB1-2、HB1-3、HB1-4、HB1-5（若硬度单位为HB）。

材料分析

材料分析根据具体情况，可以采用化学分析、光谱分析、硬度检测、金相分析等方法。

材料分析按照以下要求进行：

（1）材质不明的，一般需要查明主要受压元件的材料种类；对于第Ⅲ类球形储罐及有特殊要求的球形储罐，必须查明材质。

（2）有材质劣化倾向的球形储罐，应当进行硬度检测，必要时进行金相分析。

（3）有焊缝硬度要求的球形储罐，应当进行硬度检测。

对于已经进行第（1）项检验，并且已做出明确处理的，不需要再重复检验该项。

注：有特殊要求的球形储罐，主要是指承受疲劳载荷的球形储罐，采用应力分析设计的球形储罐，盛装毒性危害程度为极度、高度危害介质的球形储罐，盛装易爆介质的球形储罐，标准抗拉强度下限值大于 540 MPa 的低合金钢制球形储罐等。

硬度检测是球形储罐检验检测中常用到的一种判断材质是否有劣化的检测方法，本书采用硬度检测附图作为材料分析附图的范例，其他材料分析方法的附图可以参考硬度检测的图例绘制。

硬度检测应在磁粉检测前进行，并且应防止其他磁场的干扰。检测中，应准确设定冲击方向，定期清理冲击体内的污物。进行硬度检测时，一般选择相邻两块球壳板上 5 个点为一组，顺序为：母材—热影响区—焊缝—热影响区—母材，每点应测试 3 次并取其平均值。一组硬度检测点使用一个箭头符号“→”表示，箭头方向表示硬度检测测点布置顺序。

第五部分　2000m³ 混合式三带球罐

一、2000m³ 混合式三带球罐示意图

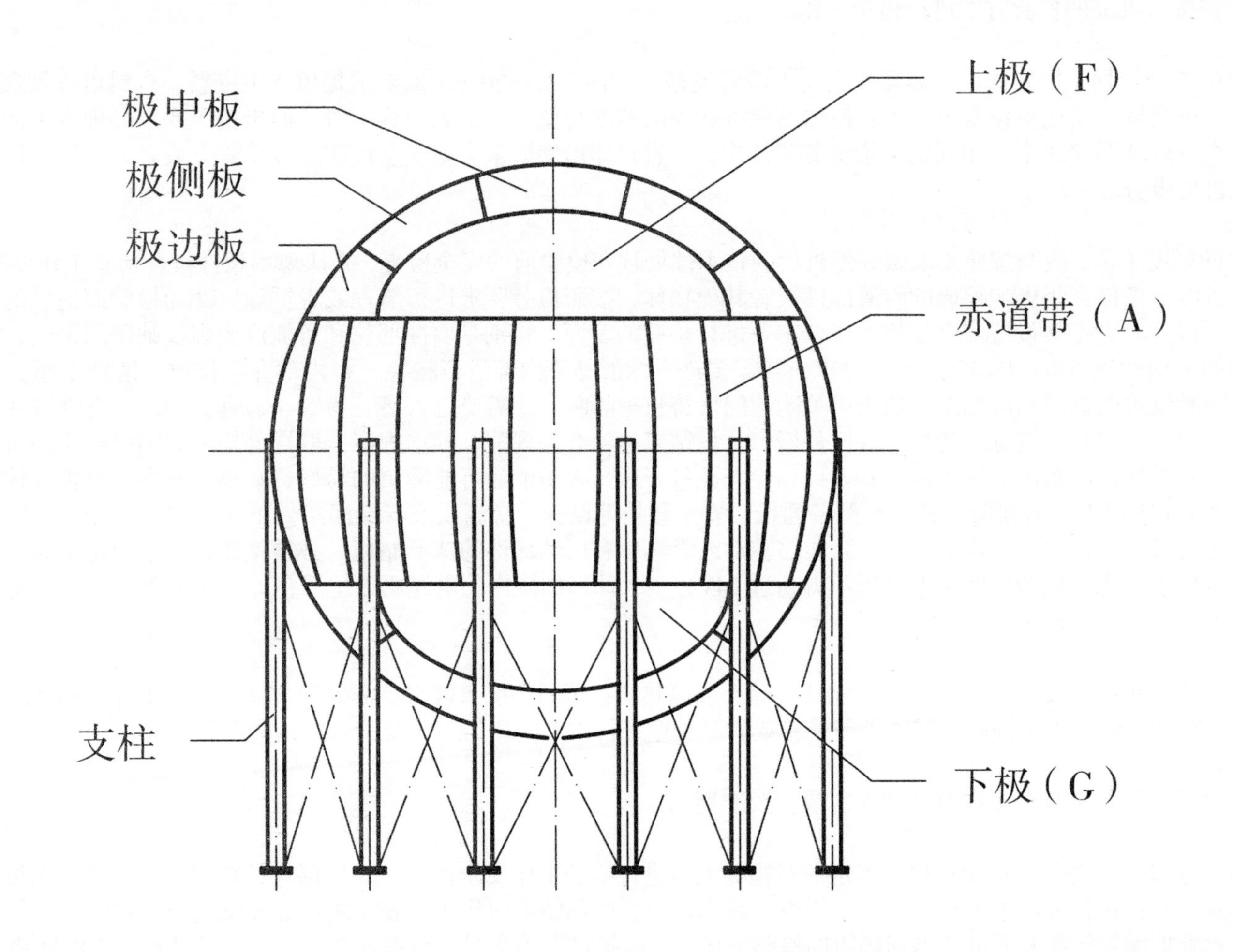

定期检验前的准备工作

1. 检验方案制订

检验前，检验机构应当根据球形储罐的使用情况、损伤模式及失效模式，依据《固定式压力容器安全技术监察规程》（TSG 21—2016）的要求制订检验方案，检验方案由检验机构技术负责人审查批准。球形储罐定期检验项目，以宏观检验、壁厚测定、表面缺陷检测、安全附件检验为主，必要时增加埋藏缺陷检测、材料分析、密封紧固件检验、强度校核、耐压试验、泄露试验等。对于有特殊情况的球形储罐的检验方案，检验机构应当征求使用单位的意见。

检验人员应当严格按照批准的检验方案进行检验工作。

2. 资料审查

检验前，使用单位应当依据《固定式压力容器安全技术监察规程》（TSG 21—2016）的要求提供相关资料。资料审查发现使用单位未按照要求对球形储罐进行年度检查，以及发生使用单位变更、更名使球形储罐的现时状况与使用登记表内容不符，而未按照要求办理变更的，检验机构应当向使用登记机关报告。资料审查发现球形储罐未按照规定实施制造监督检验（进口球形储罐未实施安全性能监督检验）或者无使用登记证，检验机构应当停止检验，并且向使用登记机关报告。

3. 现场条件要求

使用单位和相关的辅助单位，应当按照要求做好停机后的技术性处理和检验前的安全检查，确认现场条件符合检验工作要求，做好有关的准备工作。检验前，现场至少具备以下条件：①影响检验的附属部件或者其他物体，按照检验要求进行清理或者拆除。②为检验而搭设的脚手架、轻便梯等设施安全牢固（对离地面 2 m 以上的脚手架设置安全护栏）。③需要进行检验的表面，特别是腐蚀部位和可能产生裂纹缺陷的部位，彻底清理干净，露出金属本体；进行无损检测的表面达到 NB/T 47013 的有关要求。④需要进入球形储罐内部进行检验，将内部介质排放、清理干净，用盲板隔断所有液体、气体或者蒸气的来源，同时设置明显的隔离标志，禁止用关闭阀门代替盲板隔断。⑤需要进入盛装易燃、易爆、助燃、毒性或者窒息性介质的球形储罐内部进行检验，必须进行置换、中和、消毒、清洗，取样分析，分析结果达到有关规范、标准规定；取样分析的间隔时间应当符合使用单位的有关规定；盛装易燃、易爆、助燃介质的，严禁用空气置换。⑥人孔和检查孔打开后，必须清除可能滞留的易燃、易爆、有毒、有害气体和液体，球形储罐内部空间的气体含氧量保持在 0.195 以上；必要时，还需要配备通风、安全救护等设施。⑦高温或者低温条件下运行的球形储罐，按照操作规程的要求缓慢地降温或者升温，使之达到可以进行检验工作的程度。⑧能够转动或者其中有可动部件的球形储罐，必须锁住开关，固定牢靠。⑨切断与球形储罐有关的电源，设置明显的安全警示标志；检验照明用电电压不得超过 24V，引入球形储罐内的电缆必须绝缘良好、接地可靠。⑩需要现场进行射线检测时，隔离出透照区，设置警示标志，遵守相应安全规定。

4. 隔热层拆除

存在以下情况时，应当根据需要部分或者全部拆除球形储罐外隔热层：①隔热层有破损、失效的。②隔热层下球形储罐壳体存在腐蚀或者外表面开裂可能性的。③无法进行球形储罐内部检验，需要外壁检验或者从外壁进行内部检测的。④检验人员认为有必要的。

5. 设备仪器检定校准

检验用的设备、仪器和测量工具应当在有效的检定或者校准期内。

6. 检验工作安全要求

进行检验时应当注意以下安全：①检验机构应当定期对检验人员进行检验工作安全教育，并且保存教育记录。②检验人员确认现场条件符合检验工作要求后方可进行检验，并且执行使用单位有关动火、用电、高空作业、球形储罐内作业、安全防护、安全监护等规定。③检验时，使用单位球形储罐安全管理人员、作业和维护保养等相关人员应当到场协助检验工作，及时提供有关资料，负责安全监护，并且设置可靠的联络方式。

二、2000m³混合式三带球罐展开图

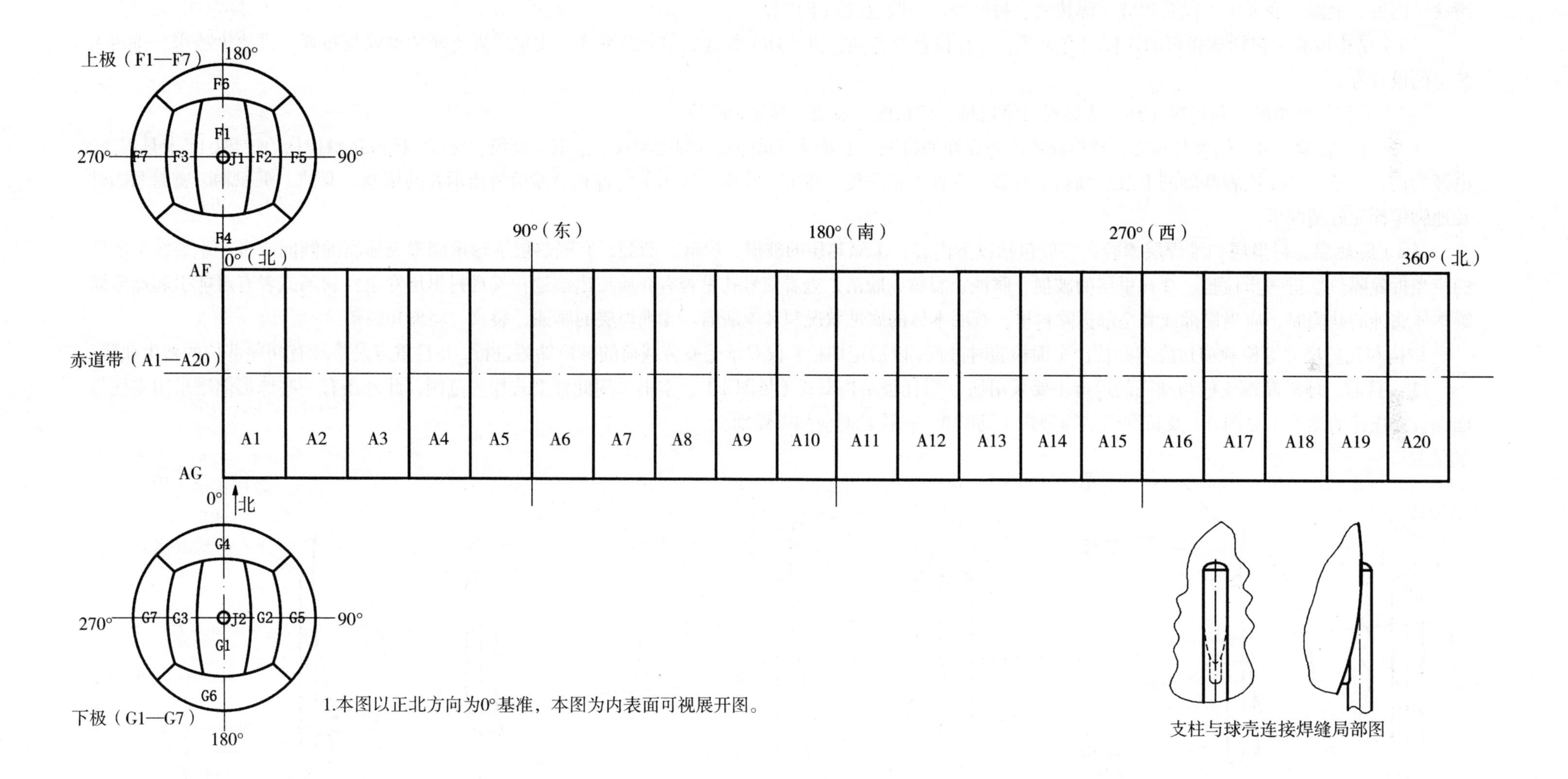

支柱与球壳连接焊缝局部图

宏观检验

宏观检验主要是采用目视方法（必要时利用内窥镜、放大镜或者其他辅助仪器设备、测量工具）检验球形储罐本体结构、几何尺寸、表面情况（如裂纹、腐蚀、泄漏、变形），以及焊缝、隔热层、衬里等，一般包括以下内容：

（1）结构检验，包括球壳板的连接组合方式、开孔位置及补强、纵（环）焊缝的布置及型式、支承或者支座的型式与布置、排放（疏水、排污）装置的设置等。

（2）几何尺寸检验，包括纵（环）焊缝对口错边量、棱角度、咬边、焊缝余高等。

（3）外观检验，包括铭牌和标志，球形储罐内外表面的腐蚀，主要受压元件及其焊缝裂纹、泄漏、鼓包、变形、机械接触损伤、过热，工卡具焊迹、电弧灼伤，支承、支座或者基础的下沉、倾斜、开裂，支柱的铅垂度，排放（疏水、排污）装置和泄漏信号指示孔的堵塞、腐蚀、沉积物，密封紧固件及地脚螺栓完好情况等。

（4）隔热层、衬里层和堆焊层检验，一般包括以下内容：①隔热层的破损、脱落、潮湿，有隔热层下球形储罐壳体腐蚀倾向或者产生裂纹可能性的应当拆除隔热层进一步检验。②衬里层的破损、腐蚀、裂纹、脱落，查看信号孔是否有介质流出痕迹；发现衬里层穿透性缺陷或者有可能引起球形储罐本体腐蚀的缺陷时，应当局部或者全部拆除衬里，查明本体的腐蚀状况和其他缺陷。③堆焊层的腐蚀、裂纹、剥离和脱落。

结构和几何尺寸等检验项目应当在首次全面检验时进行，以后定期检验仅对承受疲劳载荷的球形储罐进行，并且重点是检验有问题部位的新生缺陷。

注： 目前，球形储罐支柱与球壳的连接主要采用加U形托板结构型式（见图1），本书采用此种型式作为范例，此外还有一些球形储罐采用支柱与球壳直接连接的型式（见图2）及长圆形结构型式（见图3），检验时应加以甄别。

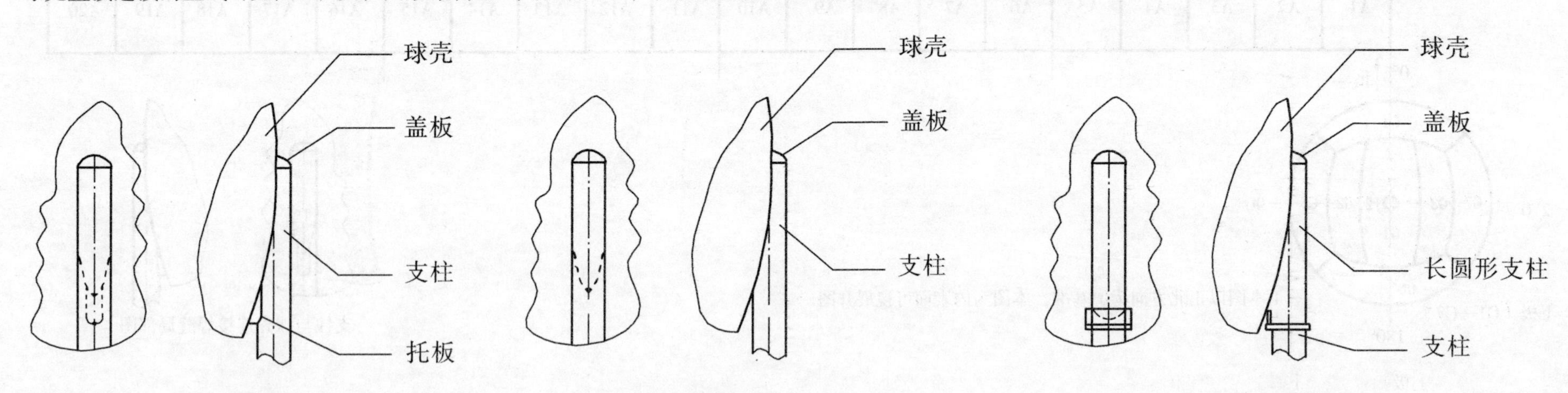

图1　加U形托板结构型式　　图2　直接连接结构型式　　图3　长圆形结构型式

三、2000m³混合式三带球罐壁厚测定球壳板测厚图

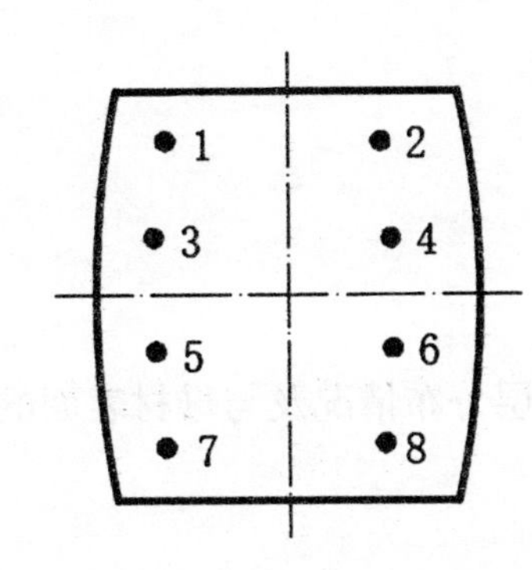

赤道板（A1—A20）测厚点位置图

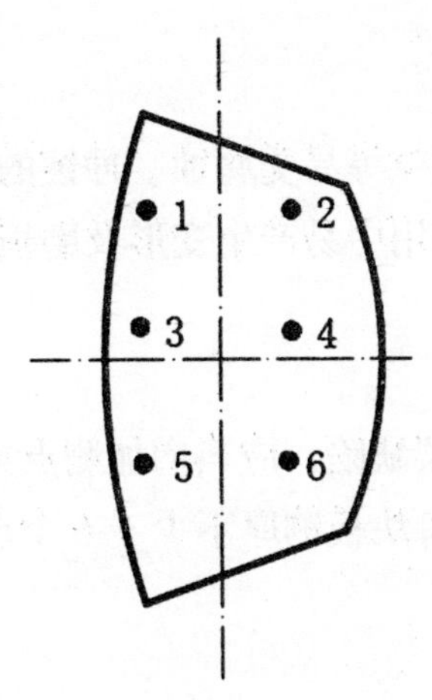

上极边板（F4—F7）、下极侧板（G4—G7）测厚点位置图

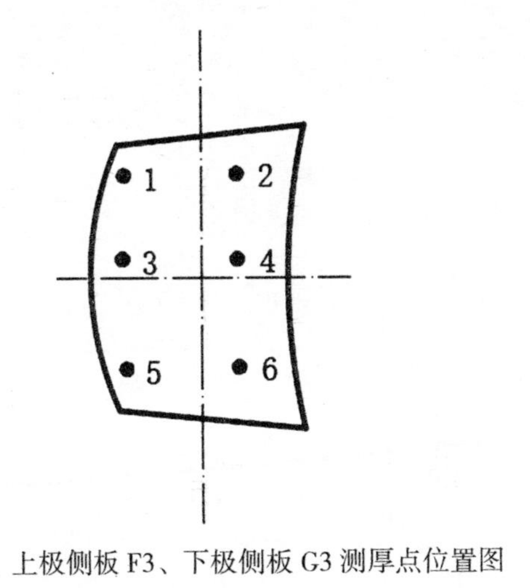

上极侧板 F3、下极侧板 G3 测厚点位置图

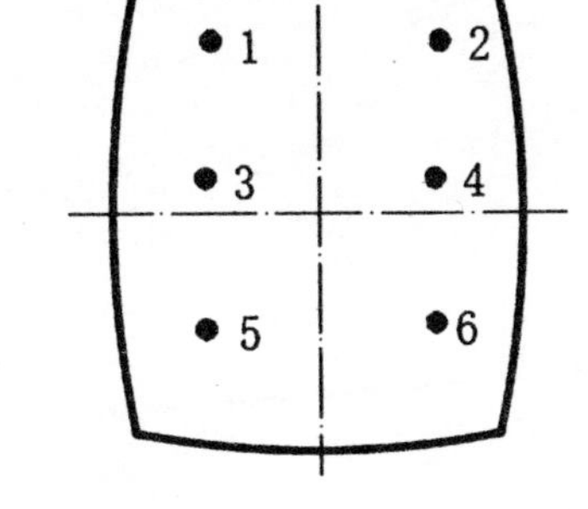

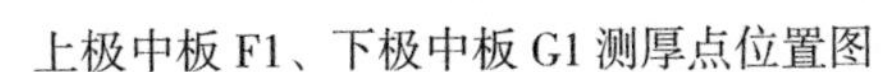

上极中板 F1、下极中板 G1 测厚点位置图

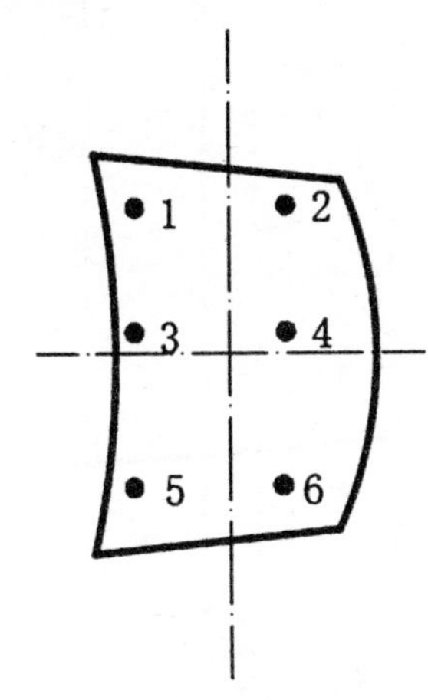

上极侧板 F2、下极侧板 G2 测厚点位置图

壁厚测定

壁厚测定，一般采用超声波测厚方法。测定位置应当有代表性，有足够的测点数。测定后标图记录，对异常测厚点做详细标记。

厚度测点，一般选择以下位置：

（1）液位经常波动的部位。

（2）物料进口、流动转向、截面突变等易受腐蚀、冲蚀的部位。

（3）制造成型时壁厚减薄部位和使用中易产生变形及磨损的部位。

（4）接管部位。

（5）宏观检验时发现的可疑部位。

壁厚测定时，如果发现母材存在分层缺陷，应当增加测点或者采用超声波检测，查明分层分布情况及与母材表面的倾斜度，同时做图记录。

壁厚测定一般应覆盖每块球壳板，每块板测厚不少于 6 个点。

四、2000m³ 混合式三带球罐无损检测附图

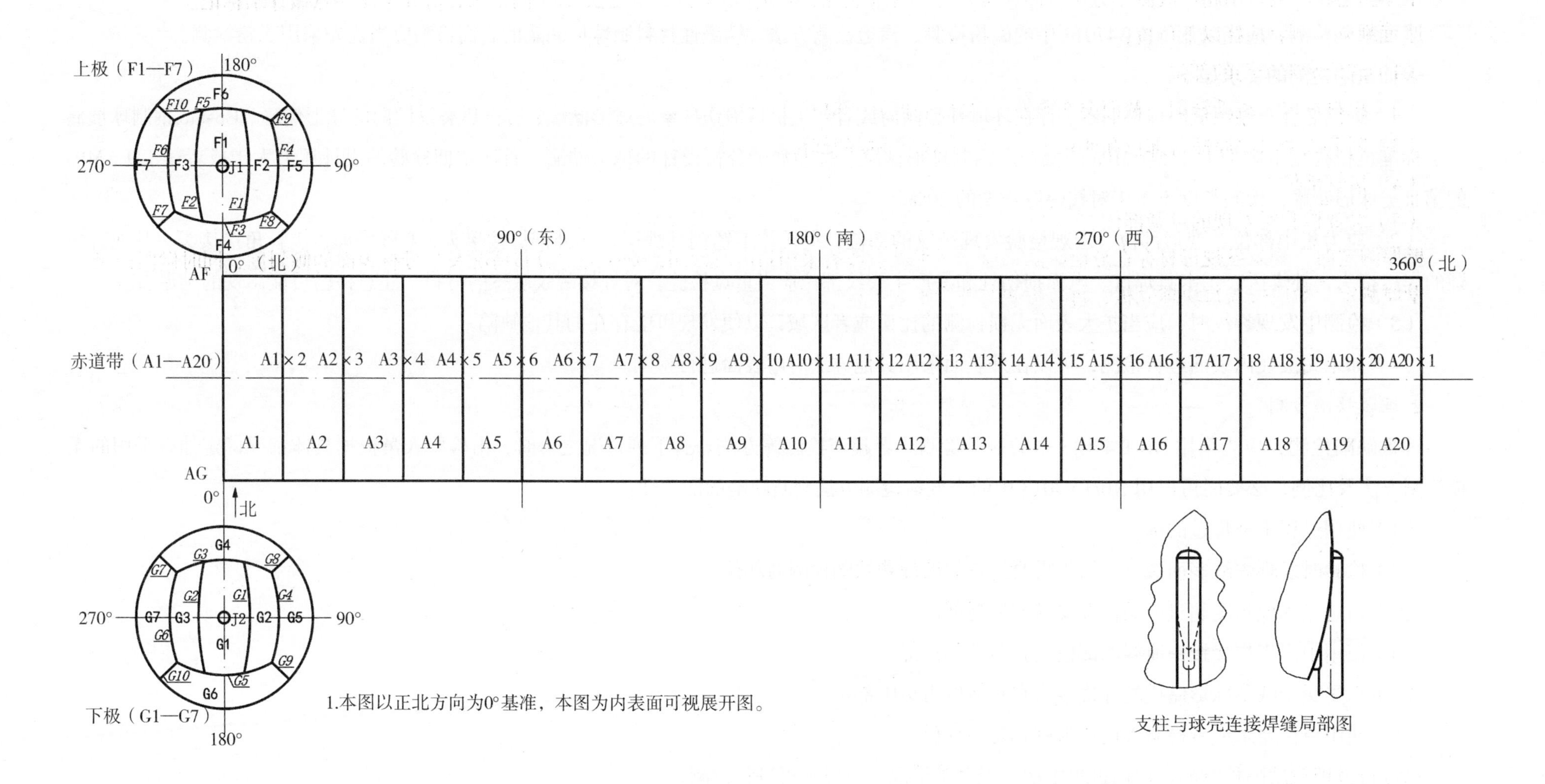

1. 表面缺陷检测

表面缺陷检测，应当采用 NB/T 47013 中的磁粉检测、渗透检测方法。铁磁性材料制球形储罐的表面检测应当优先采用磁粉检测。

表面缺陷检测的要求如下：

（1）碳钢低合金钢制低温球形储罐、存在环境开裂倾向或者产生机械损伤现象的球形储罐、有再热裂纹倾向的球形储罐、Cr–Mo 钢制球形储罐、标准抗拉强度下限值大于 540 MPa 的低合金钢制球形储罐、按照疲劳分析设计的球形储罐、首次定期检验的设计压力大于或者等于 1.6 MPa 的第Ⅲ类球形储罐，检测长度不少于对接焊缝长度的 20%。

（2）应力集中部位、变形部位、宏观检验发现裂纹的部位，奥氏体不锈钢堆焊层，异种钢焊接接头、T 形接头、接管角接接头、其他有怀疑的焊接接头，补焊区、工卡具焊迹、电弧损伤处和易产生裂纹部位应当重点检验；对焊接裂纹敏感的材料，注意检验可能出现的延迟裂纹。

（3）检测中发现裂纹时，应当扩大表面无损检测的比例或者区域，以便发现可能存在的其他缺陷。

（4）如果无法在内表面进行检测，可以在外表面采用其他方法对内表面进行检测。

2. 埋藏缺陷检测

埋藏缺陷检测，应当采用 NB/T 47013 中的射线检测或者超声检测等方法。有下列情况之一时，由检验人员根据具体情况确定抽查采用的无损检测方法及比例，必要时可以用 NB/T 47013 中的声发射检测方法判断缺陷的活动性：

（1）使用过程中补焊过的部位。

（2）检验时发现焊缝表面裂纹，认为需要进行焊缝埋藏缺陷检测的部位。

（3）错边量和棱角度超过产品标准要求的焊缝部位。

（4）使用中出现焊接接头泄漏的部位及其两端延长部位。

（5）承受交变载荷球形储罐的焊接接头和其他应力集中部位。

（6）使用单位要求或者检验人员认为有必要的部位。

已进行过埋藏缺陷检测的，使用过程中如果无异常情况，可以不再进行检测。

五、2000m³ 混合式三带球罐硬度检测附图

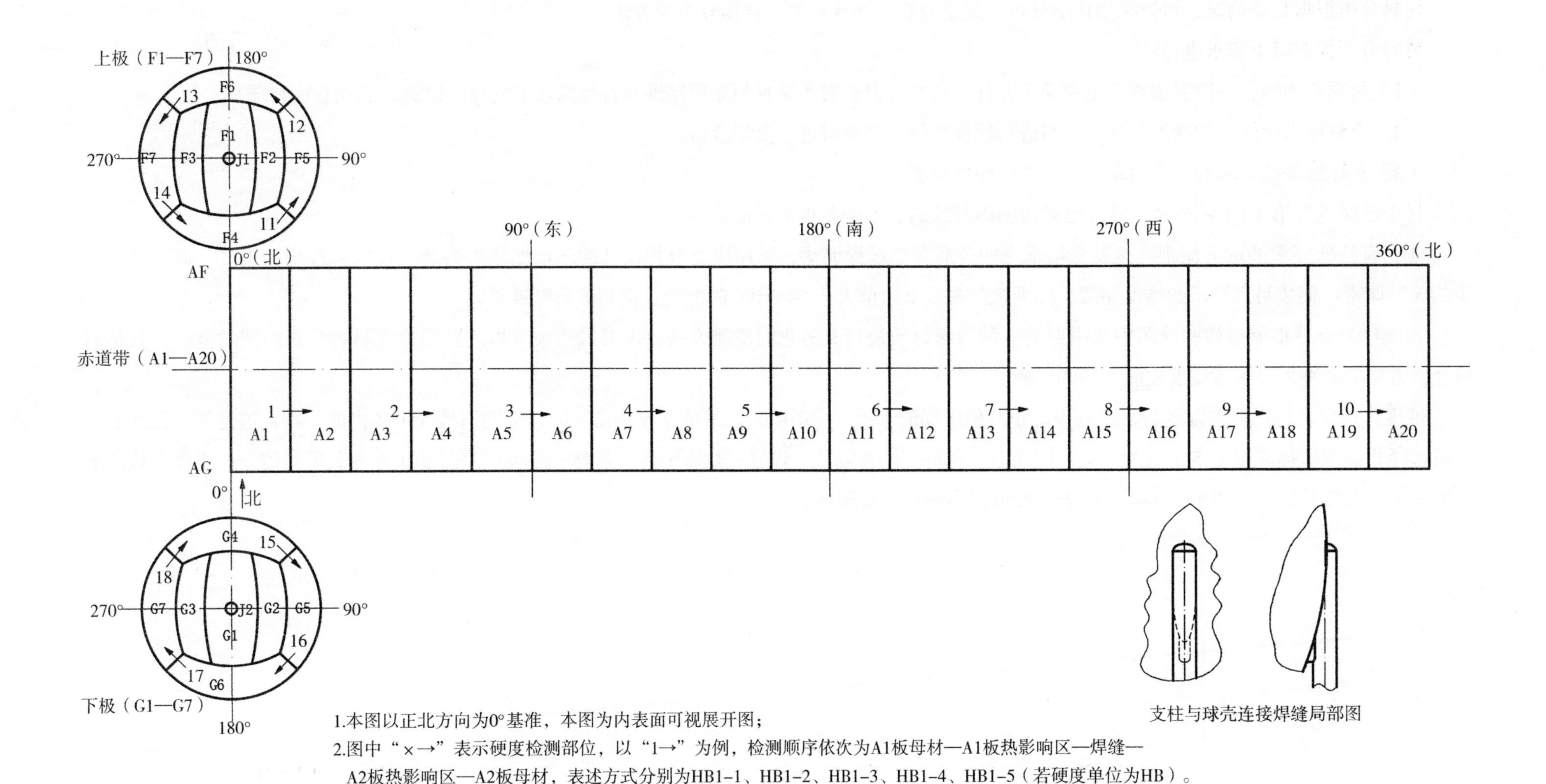

支柱与球壳连接焊缝局部图

1.本图以正北方向为0°基准，本图为内表面可视展开图；

2.图中“×→”表示硬度检测部位，以“1→”为例，检测顺序依次为A1板母材—A1板热影响区—焊缝—A2板热影响区—A2板母材，表述方式分别为HB1-1、HB1-2、HB1-3、HB1-4、HB1-5（若硬度单位为HB）。

材料分析

材料分析根据具体情况，可以采用化学分析、光谱分析、硬度检测、金相分析等方法。

材料分析按照以下要求进行：

（1）材质不明的，一般需要查明主要受压元件的材料种类；对于第Ⅲ类球形储罐及有特殊要求的球形储罐，必须查明材质。

（2）有材质劣化倾向的球形储罐，应当进行硬度检测，必要时进行金相分析。

（3）有焊缝硬度要求的球形储罐，应当进行硬度检测。

对于已经进行第（1）项检验，并且已做出明确处理的，不需要再重复检验该项。

注：有特殊要求的球形储罐，主要是指承受疲劳载荷的球形储罐，采用应力分析设计的球形储罐，盛装毒性危害程度为极度、高度危害介质的球形储罐，盛装易爆介质的球形储罐，标准抗拉强度下限值大于 540 MPa 的低合金钢制球形储罐等。

硬度检测是球形储罐检验检测中常用到的一种判断材质是否有劣化的检测方法，本书采用硬度检测附图作为材料分析附图的范例，其他材料分析方法的附图可以参考硬度检测的图例绘制。

硬度检测应在磁粉检测前进行，并且应防止其他磁场的干扰。检测中，应准确设定冲击方向，定期清理冲击体内的污物。进行硬度检测时，一般选择相邻两块球壳板上 5 个点为一组，顺序为：母材—热影响区—焊缝—热影响区—母材，每点应测试 3 次并取其平均值。一组硬度检测点使用一个箭头符号“→”表示，箭头方向表示硬度检测测点布置顺序。

第六部分　3000m³ 混合式三带球罐

一、3000m³ 混合式三带球罐示意图

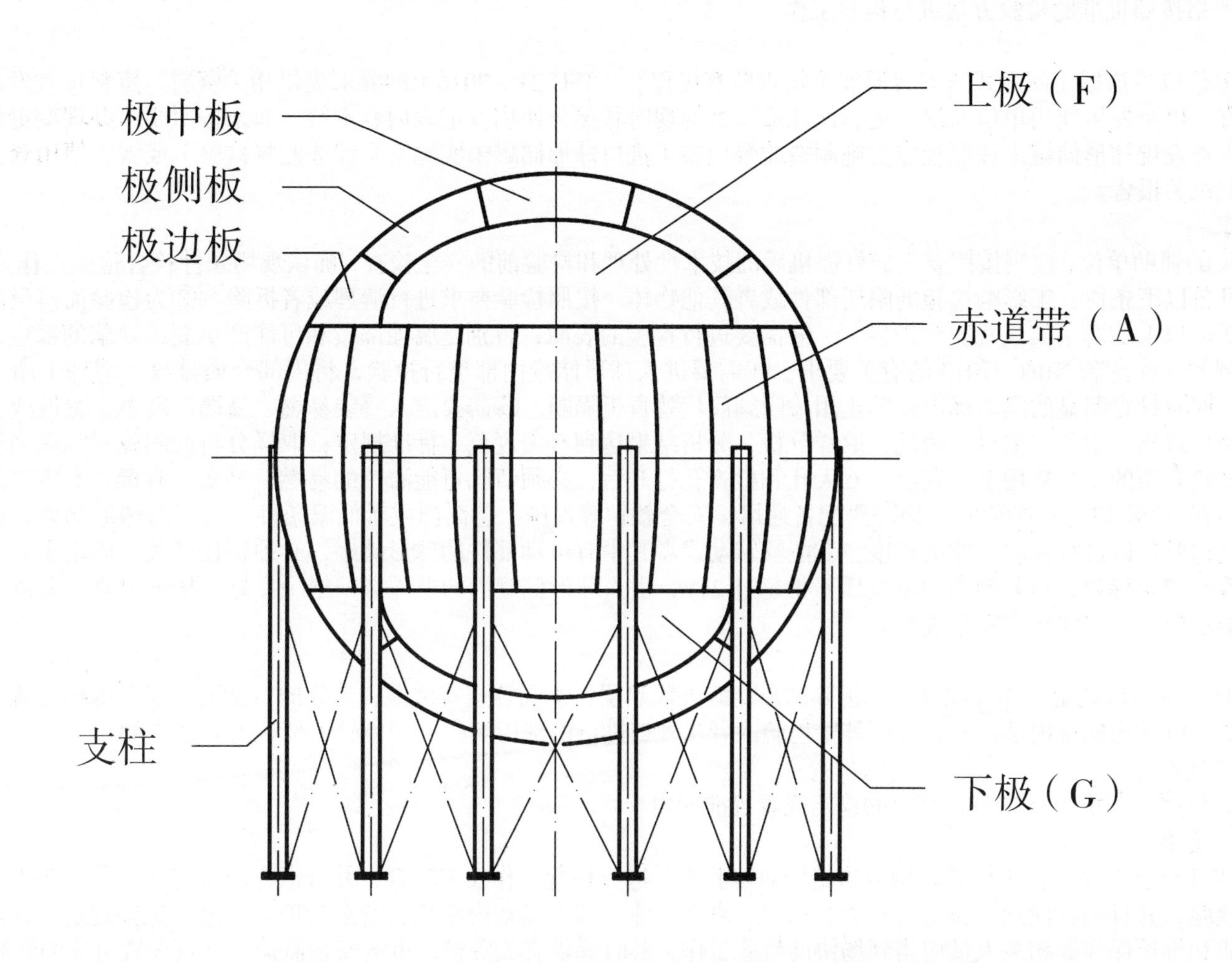

定期检验前的准备工作

1. 检验方案制订

检验前，检验机构应当根据球形储罐的使用情况、损伤模式及失效模式，依据《固定式压力容器安全技术监察规程》（TSG 21—2016）的要求制订检验方案，检验方案由检验机构技术负责人审查批准。球形储罐定期检验项目，以宏观检验、壁厚测定、表面缺陷检测、安全附件检验为主，必要时增加埋藏缺陷检测、材料分析、密封紧固件检验、强度校核、耐压试验、泄露试验等。对于有特殊情况的球形储罐的检验方案，检验机构应当征求使用单位的意见。

检验人员应当严格按照批准的检验方案进行检验工作。

2. 资料审查

检验前，使用单位应当依据《固定式压力容器安全技术监察规程》（TSG 21—2016）的要求提供相关资料。资料审查发现使用单位未按照要求对球形储罐进行年度检查，以及发生使用单位变更、更名使球形储罐的现时状况与使用登记表内容不符，而未按照要求办理变更的，检验机构应当向使用登记机关报告。资料审查发现球形储罐未按照规定实施制造监督检验（进口球形储罐未实施安全性能监督检验）或者无使用登记证，检验机构应当停止检验，并且向使用登记机关报告。

3. 现场条件要求

使用单位和相关的辅助单位，应当按照要求做好停机后的技术性处理和检验前的安全检查，确认现场条件符合检验工作要求，做好有关的准备工作。检验前，现场至少具备以下条件：①影响检验的附属部件或者其他物体，按照检验要求进行清理或者拆除。②为检验而搭设的脚手架、轻便梯等设施安全牢固（对离地面 2 m 以上的脚手架设置安全护栏）。③需要进行检验的表面，特别是腐蚀部位和可能产生裂纹缺陷的部位，彻底清理干净，露出金属本体；进行无损检测的表面达到 NB/T 47013 的有关要求。④需要进入球形储罐内部进行检验，将内部介质排放、清理干净，用盲板隔断所有液体、气体或者蒸气的来源，同时设置明显的隔离标志，禁止用关闭阀门代替盲板隔断。⑤需要进入盛装易燃、易爆、助燃、毒性或者窒息性介质的球形储罐内部进行检验，必须进行置换、中和、消毒、清洗，取样分析，分析结果达到有关规范、标准规定；取样分析的间隔时间应当符合使用单位的有关规定；盛装易燃、易爆、助燃介质的，严禁用空气置换。⑥人孔和检查孔打开后，必须清除可能滞留的易燃、易爆、有毒、有害气体和液体，球形储罐内部空间的气体含氧量保持在 0.195 以上；必要时，还需要配备通风、安全救护等设施。⑦高温或者低温条件下运行的球形储罐，按照操作规程的要求缓慢地降温或者升温，使之达到可以进行检验工作的程度。⑧能够转动或者其中有可动部件的球形储罐，必须锁住开关，固定牢靠。⑨切断与球形储罐有关的电源，设置明显的安全警示标志；检验照明用电电压不得超过 24V，引入球形储罐内的电缆必须绝缘良好、接地可靠。⑩需要现场进行射线检测时，隔离出透照区，设置警示标志，遵守相应安全规定。

4. 隔热层拆除

存在以下情况时，应当根据需要部分或者全部拆除球形储罐外隔热层：①隔热层有破损、失效的。②隔热层下球形储罐壳体存在腐蚀或者外表面开裂可能性的。③无法进行球形储罐内部检验，需要外壁检验或者从外壁进行内部检测的。④检验人员认为有必要的。

5. 设备仪器检定校准

检验用的设备、仪器和测量工具应当在有效的检定或者校准期内。

6. 检验工作安全要求

进行检验时应当注意以下安全：①检验机构应当定期对检验人员进行检验工作安全教育，并且保存教育记录。②检验人员确认现场条件符合检验工作要求后方可进行检验，并且执行使用单位有关动火、用电、高空作业、球形储罐内作业、安全防护、安全监护等规定。③检验时，使用单位球形储罐安全管理人员、作业和维护保养等相关人员应当到场协助检验工作，及时提供有关资料，负责安全监护，并且设置可靠的联络方式。

二、3000m³混合式三带球罐展开图

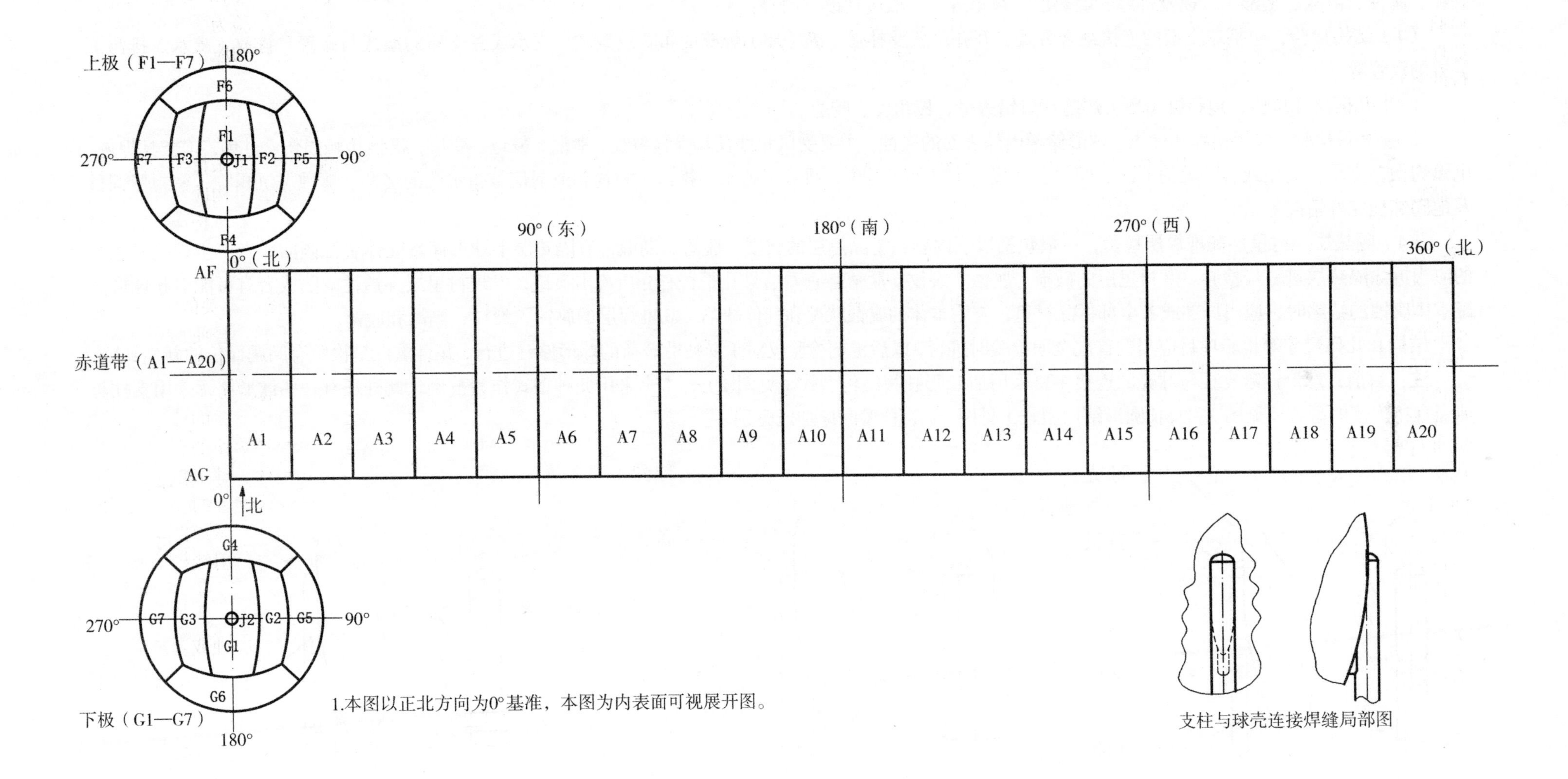

宏观检验

宏观检验主要是采用目视方法（必要时利用内窥镜、放大镜或者其他辅助仪器设备、测量工具）检验球形储罐本体结构、几何尺寸、表面情况（如裂纹、腐蚀、泄漏、变形），以及焊缝、隔热层、衬里等，一般包括以下内容：

（1）结构检验，包括球壳板的连接组合方式、开孔位置及补强、纵（环）焊缝的布置及型式、支承或者支座的型式与布置、排放（疏水、排污）装置的设置等。

（2）几何尺寸检验，包括纵（环）焊缝对口错边量、棱角度、咬边、焊缝余高等。

（3）外观检验，包括铭牌和标志，球形储罐内外表面的腐蚀，主要受压元件及其焊缝裂纹、泄漏、鼓包、变形、机械接触损伤、过热，工卡具焊迹、电弧灼伤，支承、支座或者基础的下沉、倾斜、开裂，支柱的铅垂度，排放（疏水、排污）装置和泄漏信号指示孔的堵塞、腐蚀、沉积物，密封紧固件及地脚螺栓完好情况等。

（4）隔热层、衬里层和堆焊层检验，一般包括以下内容：①隔热层的破损、脱落、潮湿，有隔热层下球形储罐壳体腐蚀倾向或者产生裂纹可能性的应当拆除隔热层进一步检验。②衬里层的破损、腐蚀、裂纹、脱落，查看信号孔是否有介质流出痕迹；发现衬里层穿透性缺陷或者有可能引起球形储罐本体腐蚀的缺陷时，应当局部或者全部拆除衬里，查明本体的腐蚀状况和其他缺陷。③堆焊层的腐蚀、裂纹、剥离和脱落。

结构和几何尺寸等检验项目应当在首次全面检验时进行，以后定期检验仅对承受疲劳载荷的球形储罐进行，并且重点是检验有问题部位的新生缺陷。

注：目前，球形储罐支柱与球壳的连接主要采用加 U 形托板结构型式（见图 1），本书采用此种型式作为范例，此外还有一些球形储罐采用支柱与球壳直接连接的型式（见图 2）及长圆形结构型式（见图 3），检验时应加以甄别。

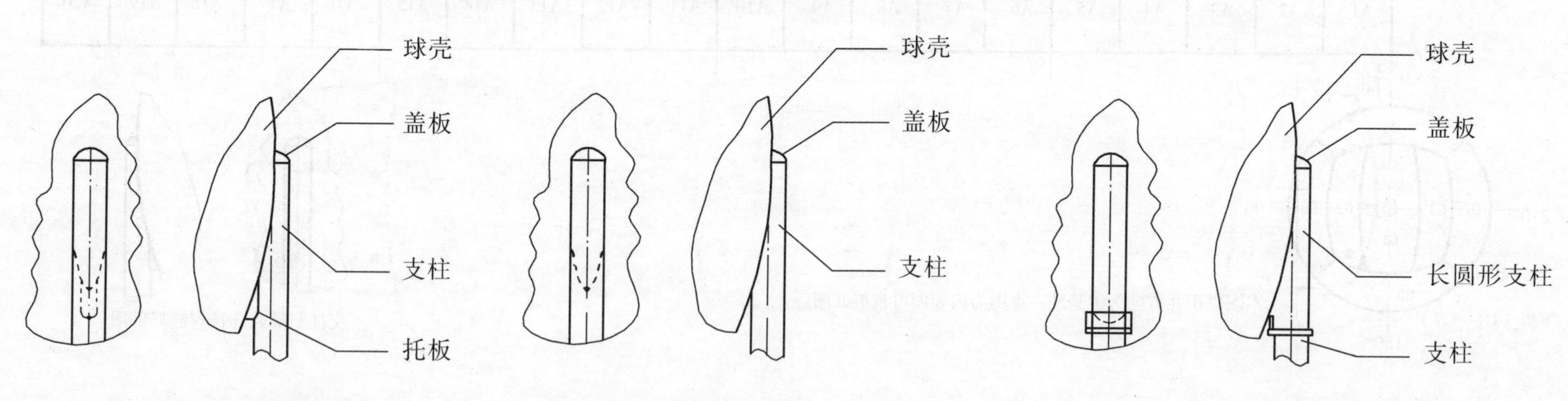

图 1　加U形托板结构型式

图 2　直接连接结构型式

图 3　长圆形结构型式

三、3000m³ 混合式三带球罐壁厚测定球壳板测厚图

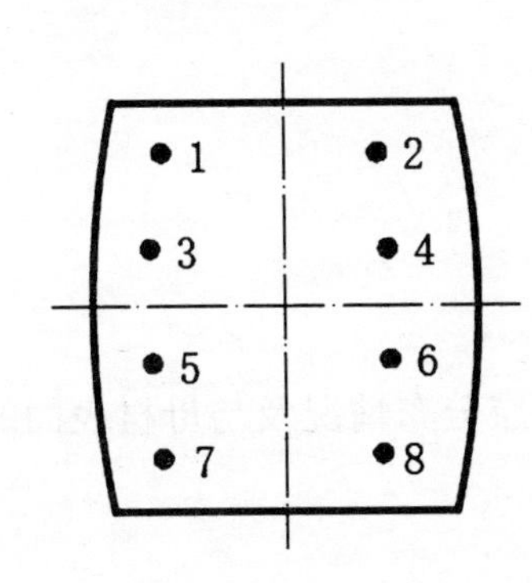

赤道板（A1—A20）测厚点位置图

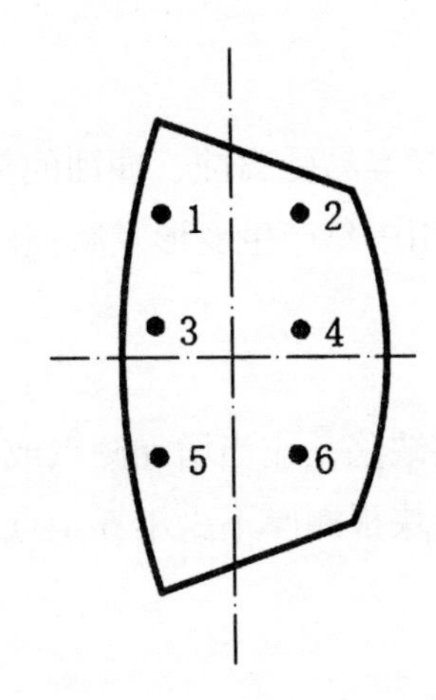

上极边板（F4—F7）、下极侧板（G4—G7）测厚点位置图

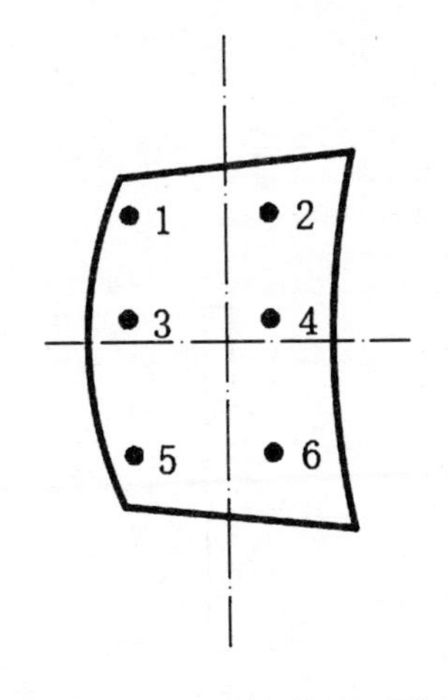

上极侧板 F3、下极侧板 G3 测厚点位置图

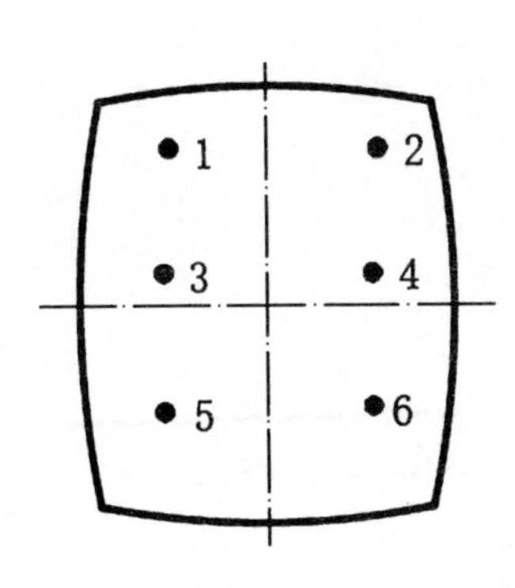

上极中板 F1、下极中板 G1 测厚点位置图

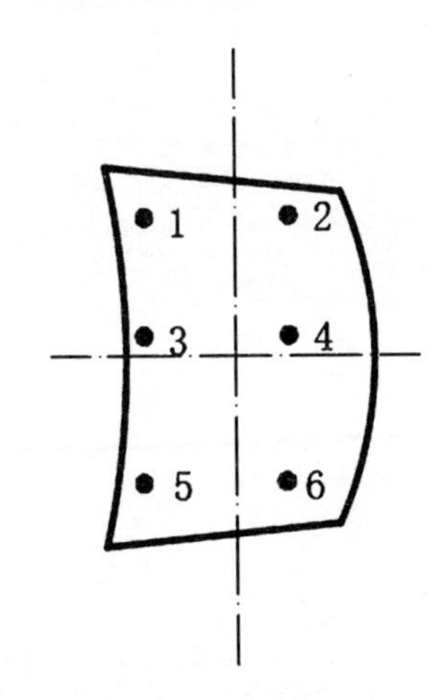

上极侧板 F2、下极侧板 G2 测厚点位置图

壁厚测定

壁厚测定，一般采用超声波测厚方法。测定位置应当有代表性，有足够的测点数。测定后标图记录，对异常测厚点做详细标记。

厚度测点，一般选择以下位置：

（1）液位经常波动的部位。

（2）物料进口、流动转向、截面突变等易受腐蚀、冲蚀的部位。

（3）制造成型时壁厚减薄部位和使用中易产生变形及磨损的部位。

（4）接管部位。

（5）宏观检验时发现的可疑部位。

壁厚测定时，如果发现母材存在分层缺陷，应当增加测点或者采用超声波检测，查明分层分布情况及与母材表面的倾斜度，同时做图记录。

壁厚测定一般应覆盖每块球壳板，每块板测厚不少于6个点。

四、3000m³ 混合式三带球罐无损检测附图

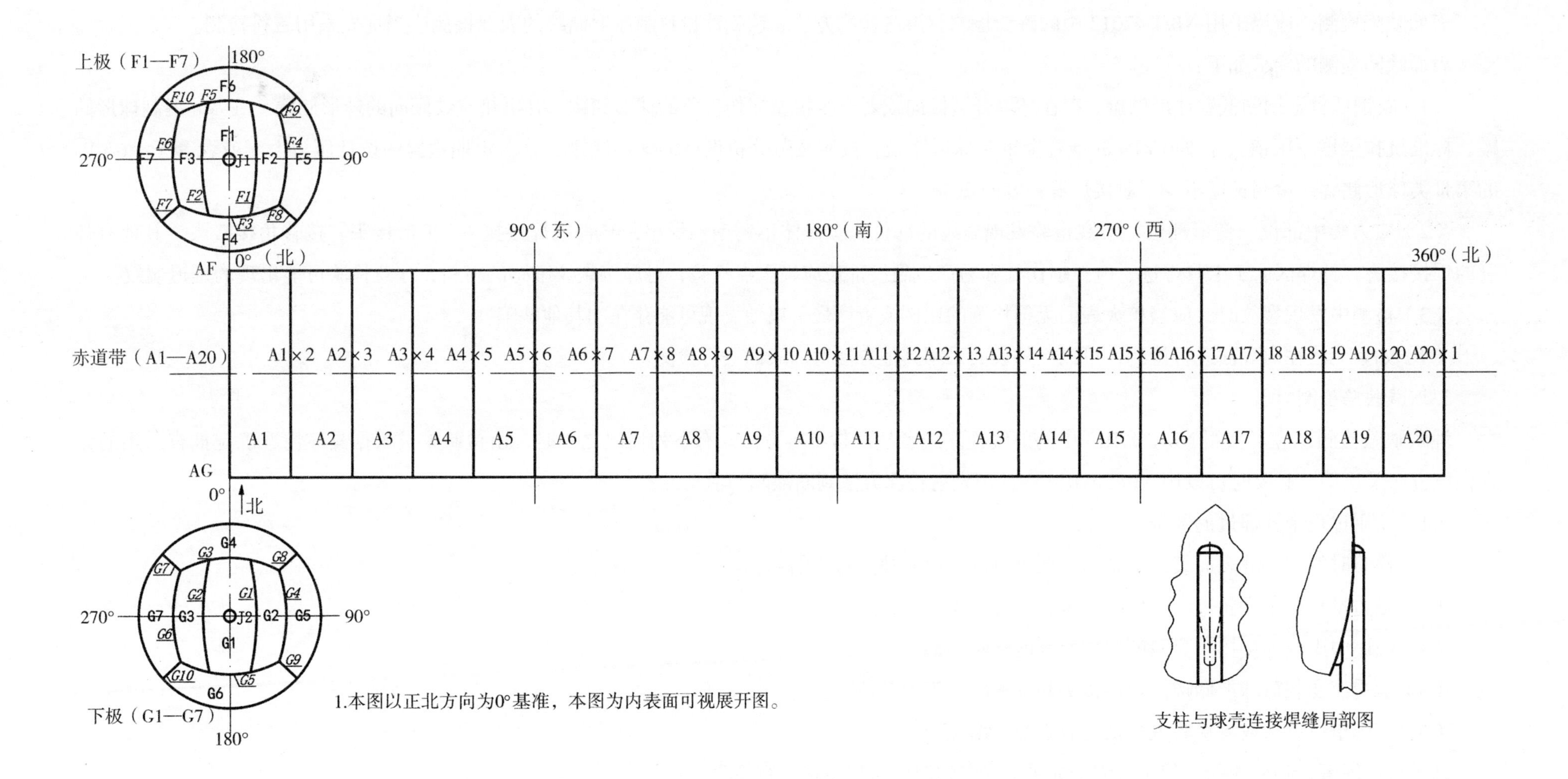

1.本图以正北方向为0°基准，本图为内表面可视展开图。

支柱与球壳连接焊缝局部图

无损检测

1. 表面缺陷检测

表面缺陷检测，应当采用 NB/T 47013 中的磁粉检测、渗透检测方法。铁磁性材料制球形储罐的表面检测应当优先采用磁粉检测。

表面缺陷检测的要求如下：

（1）碳钢低合金钢制低温球形储罐、存在环境开裂倾向或者产生机械损伤现象的球形储罐、有再热裂纹倾向的球形储罐、Cr-Mo 钢制球形储罐、标准抗拉强度下限值大于 540 MPa 的低合金钢制球形储罐、按照疲劳分析设计的球形储罐、首次定期检验的设计压力大于或者等于 1.6 MPa 的第Ⅲ类球形储罐，检测长度不少于对接焊缝长度的 20%。

（2）应力集中部位、变形部位、宏观检验发现裂纹的部位，奥氏体不锈钢堆焊层，异种钢焊接接头、T 形接头、接管角接接头、其他有怀疑的焊接接头，补焊区、工卡具焊迹、电弧损伤处和易产生裂纹部位应当重点检验；对焊接裂纹敏感的材料，注意检验可能出现的延迟裂纹。

（3）检测中发现裂纹时，应当扩大表面无损检测的比例或者区域，以便发现可能存在的其他缺陷。

（4）如果无法在内表面进行检测，可以在外表面采用其他方法对内表面进行检测。

2. 埋藏缺陷检测

埋藏缺陷检测，应当采用 NB/T 47013 中的射线检测或者超声检测等方法。有下列情况之一时，由检验人员根据具体情况确定抽查采用的无损检测方法及比例，必要时可以用 NB/T 47013 中的声发射检测方法判断缺陷的活动性：

（1）使用过程中补焊过的部位。

（2）检验时发现焊缝表面裂纹，认为需要进行焊缝埋藏缺陷检测的部位。

（3）错边量和棱角度超过产品标准要求的焊缝部位。

（4）使用中出现焊接接头泄漏的部位及其两端延长部位。

（5）承受交变载荷球形储罐的焊接接头和其他应力集中部位。

（6）使用单位要求或者检验人员认为有必要的部位。

已进行过埋藏缺陷检测的，使用过程中如果无异常情况，可以不再进行检测。

五、3000m^{3}混合式三带球罐硬度检测附图

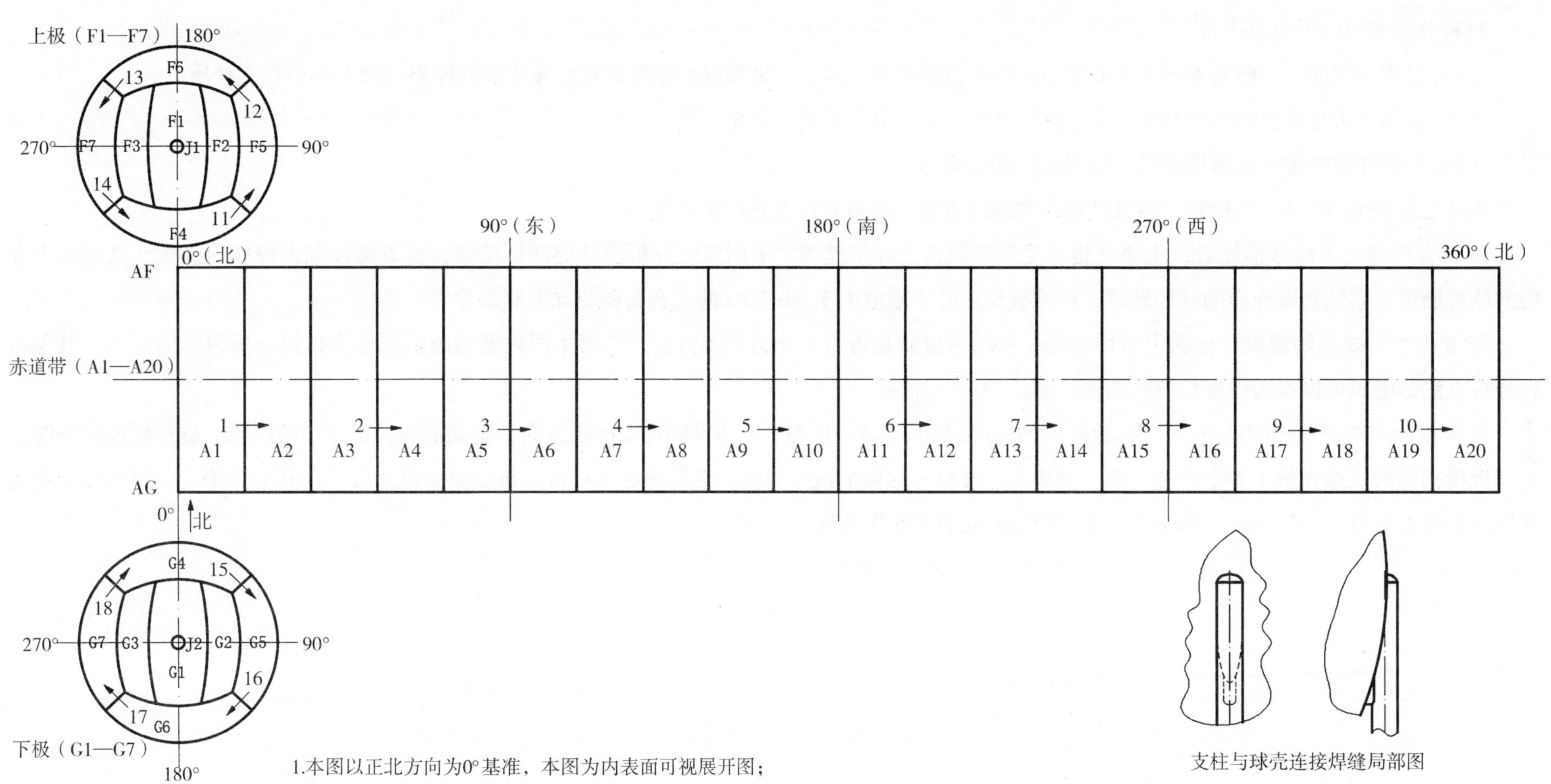

支柱与球壳连接焊缝局部图

1.本图以正北方向为0°基准，本图为内表面可视展开图；

2.图中“×→”表示硬度检测部位，以“1→”为例，检测顺序依次为A1板母材—A1板热影响区—焊缝—A2板热影响区—A2板母材，表述方式分别为HB1-1、HB1-2、HB1-3、HB1-4、HB1-5（若硬度单位为HB）。

材料分析

材料分析根据具体情况，可以采用化学分析、光谱分析、硬度检测、金相分析等方法。

材料分析按照以下要求进行：

（1）材质不明的，一般需要查明主要受压元件的材料种类；对于第Ⅲ类球形储罐及有特殊要求的球形储罐，必须查明材质。

（2）有材质劣化倾向的球形储罐，应当进行硬度检测，必要时进行金相分析。

（3）有焊缝硬度要求的球形储罐，应当进行硬度检测。

对于已经进行第（1）项检验，并且已做出明确处理的，不需要再重复检验该项。

注： 有特殊要求的球形储罐，主要是指承受疲劳载荷的球形储罐，采用应力分析设计的球形储罐，盛装毒性危害程度为极度、高度危害介质的球形储罐，盛装易爆介质的球形储罐，标准抗拉强度下限值大于540 MPa的低合金钢制球形储罐等。

硬度检测是球形储罐检验检测中常用到的一种判断材质是否有劣化的检测方法，本书采用硬度检测附图作为材料分析附图的范例，其他材料分析方法的附图可以参考硬度检测的图例绘制。

硬度检测应在磁粉检测前进行，并且应防止其他磁场的干扰。检测中，应准确设定冲击方向，定期清理冲击体内的污物。进行硬度检测时，一般选择相邻两块球壳板上5个点为一组，顺序为：母材—热影响区—焊缝—热影响区—母材，每点应测试3次并取其平均值。一组硬度检测点使用一个箭头符号“→”表示，箭头方向表示硬度检测测点布置顺序。

第七部分　2000m³ 混合式四带球罐

一、2000m³ 混合式四带球罐示意图

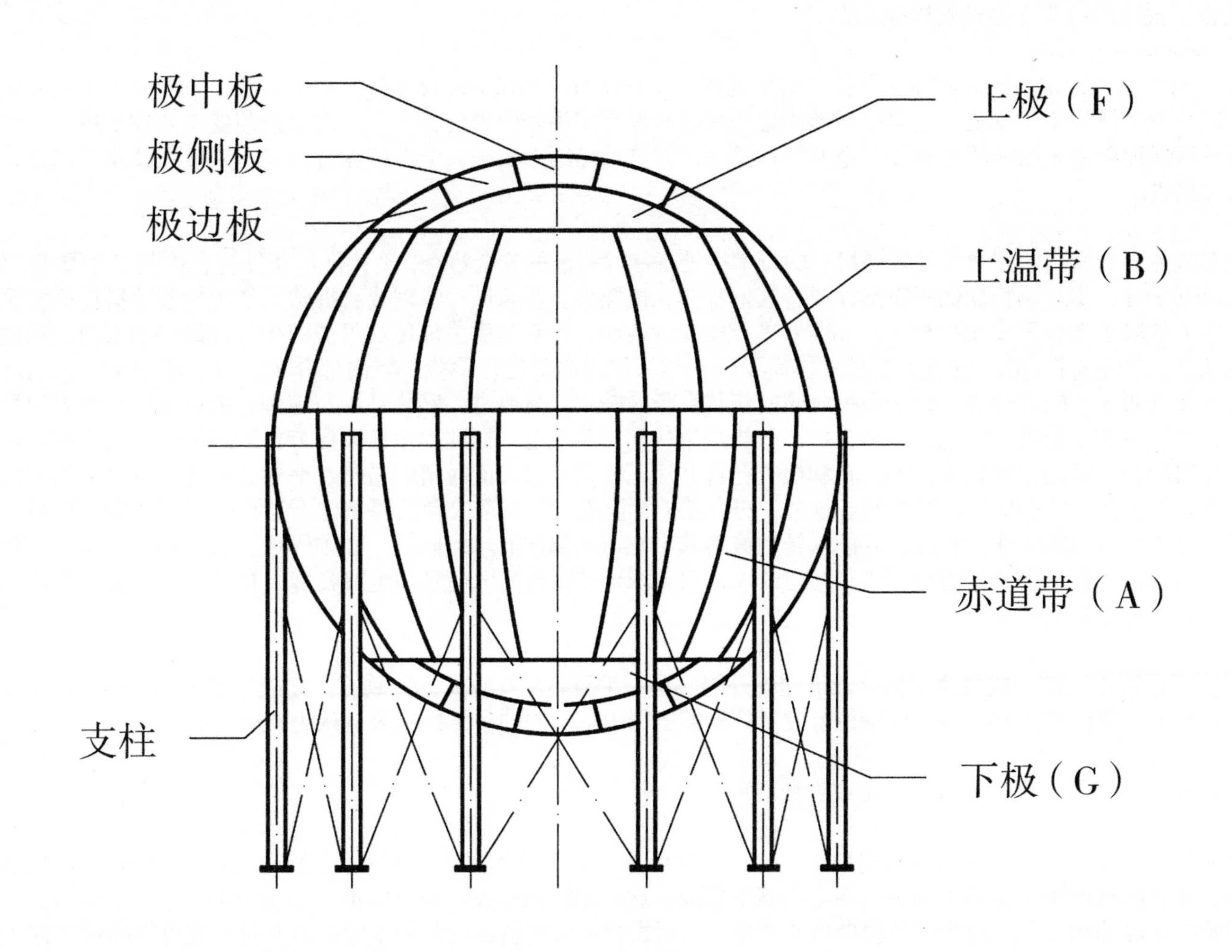

定期检验前的准备工作

1. 检验方案制订

检验前，检验机构应当根据球形储罐的使用情况、损伤模式及失效模式，依据《固定式压力容器安全技术监察规程》（TSG 21—2016）的要求制订检验方案，检验方案由检验机构技术负责人审查批准。球形储罐定期检验项目，以宏观检验、壁厚测定、表面缺陷检测、安全附件检验为主，必要时增加埋藏缺陷检测、材料分析、密封紧固件检验、强度校核、耐压试验、泄露试验等。对于有特殊情况的球形储罐的检验方案，检验机构应当征求使用单位的意见。

检验人员应当严格按照批准的检验方案进行检验工作。

2. 资料审查

检验前，使用单位应当依据《固定式压力容器安全技术监察规程》（TSG 21—2016）的要求提供相关资料。资料审查发现使用单位未按照要求对球形储罐进行年度检查，以及发生使用单位变更、更名使球形储罐的现时状况与使用登记表内容不符，而未按照要求办理变更的，检验机构应当向使用登记机关报告。资料审查发现球形储罐未按照规定实施制造监督检验（进口球形储罐未实施安全性能监督检验）或者无使用登记证，检验机构应当停止检验，并且向使用登记机关报告。

3. 现场条件要求

使用单位和相关的辅助单位，应当按照要求做好停机后的技术性处理和检验前的安全检查，确认现场条件符合检验工作要求，做好有关的准备工作。检验前，现场至少具备以下条件：①影响检验的附属部件或者其他物体，按照检验要求进行清理或者拆除。②为检验而搭设的脚手架、轻便梯等设施安全牢固（对离地面 2 m 以上的脚手架设置安全护栏）。③需要进行检验的表面，特别是腐蚀部位和可能产生裂纹缺陷的部位，彻底清理干净，露出金属本体；进行无损检测的表面达到 NB/T 47013 的有关要求。④需要进入球形储罐内部进行检验，将内部介质排放、清理干净，用盲板隔断所有液体、气体或者蒸气的来源，同时设置明显的隔离标志，禁止用关闭阀门代替盲板隔断。⑤需要进入盛装易燃、易爆、助燃、毒性或者窒息性介质的球形储罐内部进行检验，必须进行置换、中和、消毒、清洗，取样分析，分析结果达到有关规范、标准规定；取样分析的间隔时间应当符合使用单位的有关规定；盛装易燃、易爆、助燃介质的，严禁用空气置换。⑥人孔和检查孔打开后，必须清除可能滞留的易燃、易爆、有毒、有害气体和液体，球形储罐内部空间的气体含氧量保持在 0.195 以上；必要时，还需要配备通风、安全救护等设施。⑦高温或者低温条件下运行的球形储罐，按照操作规程的要求缓慢地降温或者升温，使之达到可以进行检验工作的程度。⑧能够转动或者其中有可动部件的球形储罐，必须锁住开关，固定牢靠。⑨切断与球形储罐有关的电源，设置明显的安全警示标志；检验照明用电电压不得超过 24V，引入球形储罐内的电缆必须绝缘良好、接地可靠。⑩需要现场进行射线检测时，隔离出透照区，设置警示标志，遵守相应安全规定。

4. 隔热层拆除

存在以下情况时，应当根据需要部分或者全部拆除球形储罐外隔热层：①隔热层有破损、失效的。②隔热层下球形储罐壳体存在腐蚀或者外表面开裂可能性的。③无法进行球形储罐内部检验，需要外壁检验或者从外壁进行内部检测的。④检验人员认为有必要的。

5. 设备仪器检定校准

检验用的设备、仪器和测量工具应当在有效的检定或者校准期内。

6. 检验工作安全要求

进行检验时应当注意以下安全：①检验机构应当定期对检验人员进行检验工作安全教育，并且保存教育记录。②检验人员确认现场条件符合检验工作要求后方可进行检验，并且执行使用单位有关动火、用电、高空作业、球形储罐内作业、安全防护、安全监护等规定。③检验时，使用单位球形储罐安全管理人员、作业和维护保养等相关人员应当到场协助检验工作，及时提供有关资料，负责安全监护，并且设置可靠的联络方式。

二、2000m³ 混合式四带球罐展开图

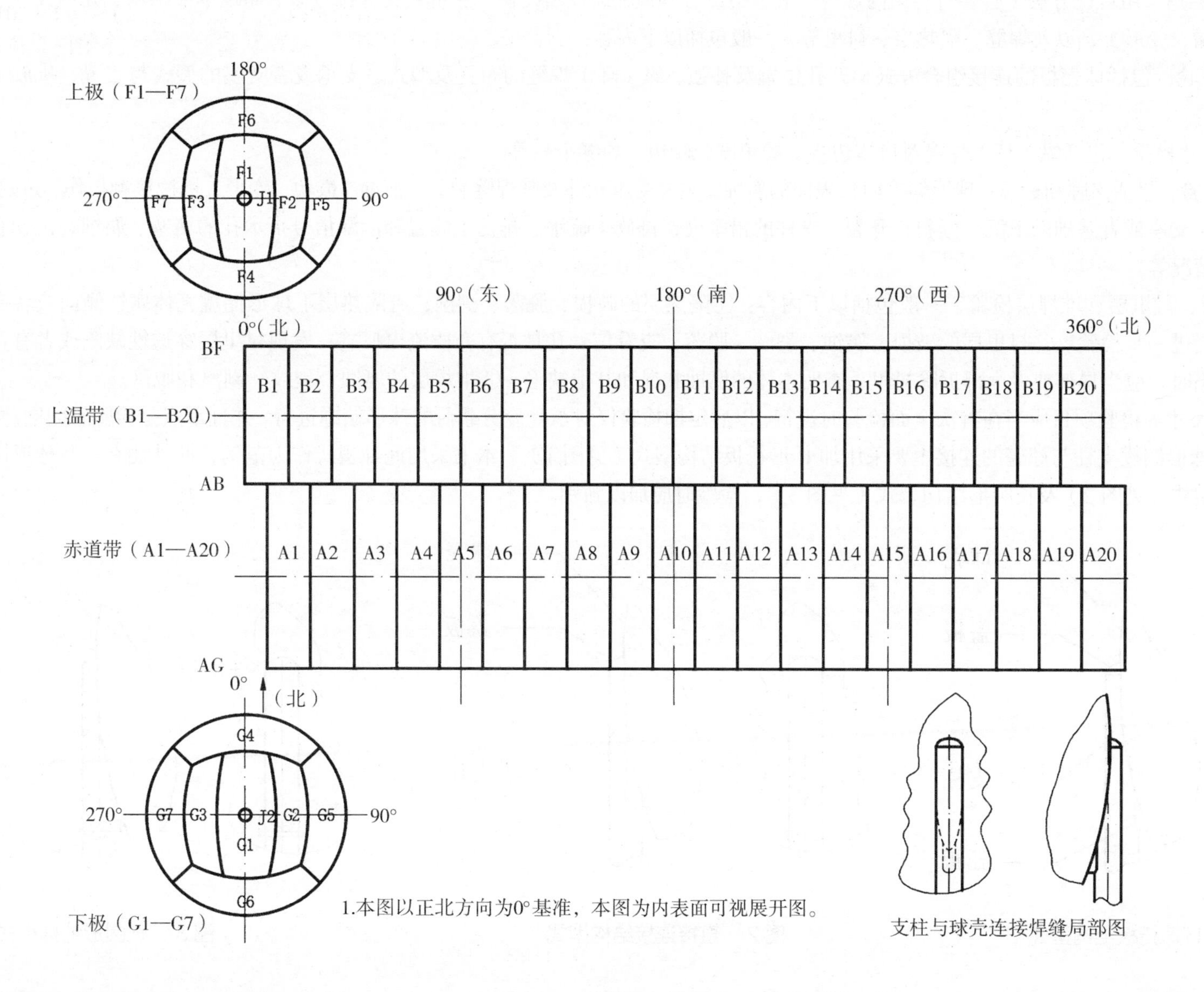

支柱与球壳连接焊缝局部图

宏观检验

宏观检验主要是采用目视方法（必要时利用内窥镜、放大镜或者其他辅助仪器设备、测量工具）检验球形储罐本体结构、几何尺寸、表面情况（如裂纹、腐蚀、泄漏、变形），以及焊缝、隔热层、衬里等，一般包括以下内容：

（1）结构检验，包括球壳板的连接组合方式、开孔位置及补强、纵（环）焊缝的布置及型式、支承或者支座的型式与布置、排放（疏水、排污）装置的设置等。

（2）几何尺寸检验，包括纵（环）焊缝对口错边量、棱角度、咬边、焊缝余高等。

（3）外观检验，包括铭牌和标志，球形储罐内外表面的腐蚀，主要受压元件及其焊缝裂纹、泄漏、鼓包、变形、机械接触损伤、过热，工卡具焊迹、电弧灼伤，支承、支座或者基础的下沉、倾斜、开裂，支柱的铅垂度，排放（疏水、排污）装置和泄漏信号指示孔的堵塞、腐蚀、沉积物，密封紧固件及地脚螺栓完好情况等。

（4）隔热层、衬里层和堆焊层检验，一般包括以下内容：①隔热层的破损、脱落、潮湿，有隔热层下球形储罐壳体腐蚀倾向或者产生裂纹可能性的应当拆除隔热层进一步检验。②衬里层的破损、腐蚀、裂纹、脱落，查看信号孔是否有介质流出痕迹；发现衬里层穿透性缺陷或者有可能引起球形储罐本体腐蚀的缺陷时，应当局部或者全部拆除衬里，查明本体的腐蚀状况和其他缺陷。③堆焊层的腐蚀、裂纹、剥离和脱落。

结构和几何尺寸等检验项目应当在首次全面检验时进行，以后定期检验仅对承受疲劳载荷的球形储罐进行，并且重点是检验有问题部位的新生缺陷。

注：目前，球形储罐支柱与球壳的连接主要采用加 U 形托板结构型式（见图 1），本书采用此种型式作为范例，此外还有一些球形储罐采用支柱与球壳直接连接的型式（见图 2）及长圆形结构型式（见图 3），检验时应加以甄别。

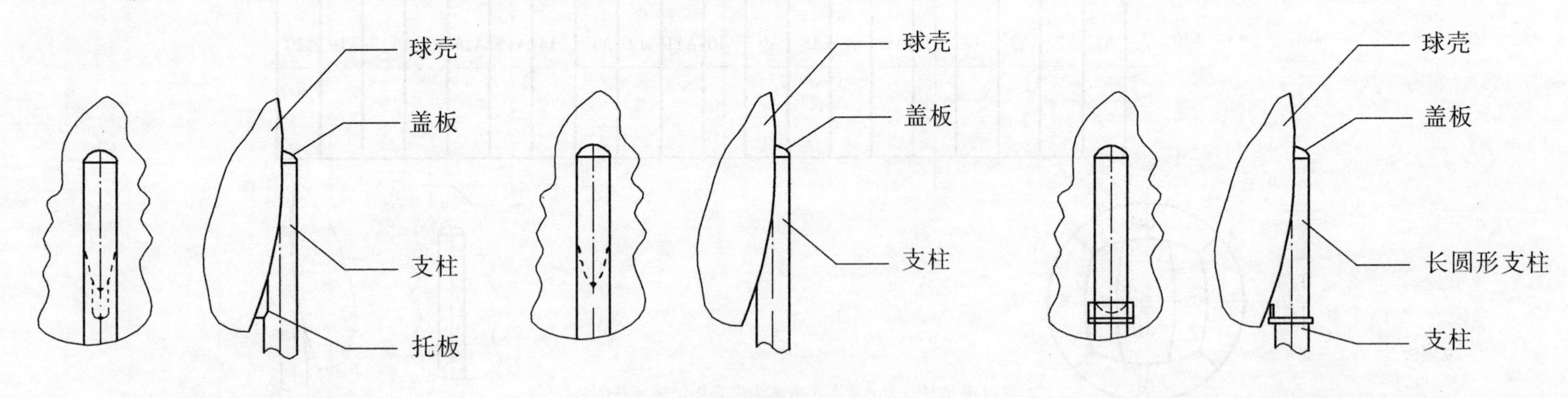

图 1　加 U 形托板结构型式　　图 2　直接连接结构型式　　图 3　长圆形结构型式

三、2000m³ 混合式四带球罐壁厚测定球壳板测厚图

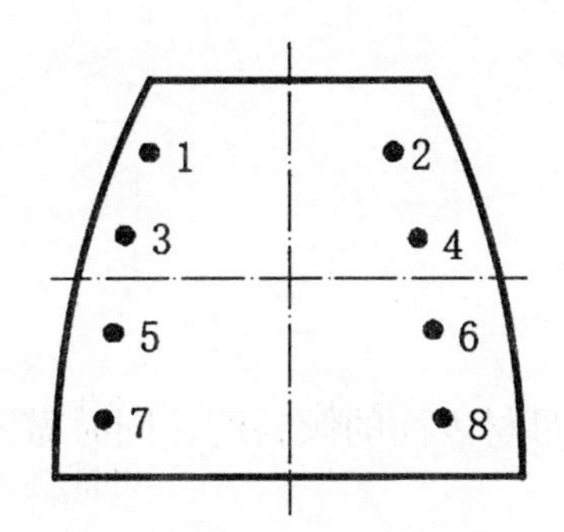

上温板（B1—B20）测厚点位置图

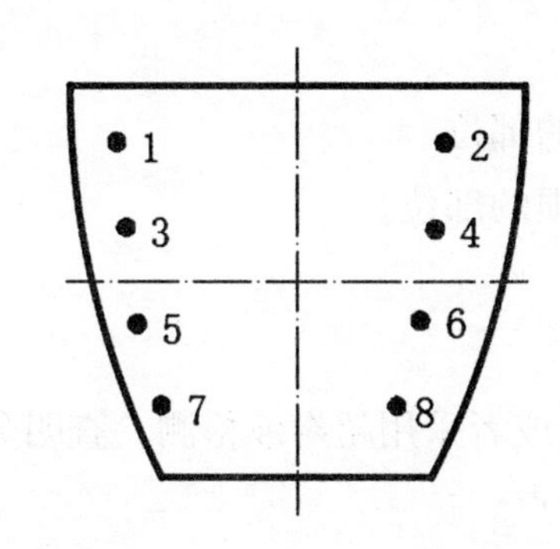

赤道板（A1—A20）测厚点位置图

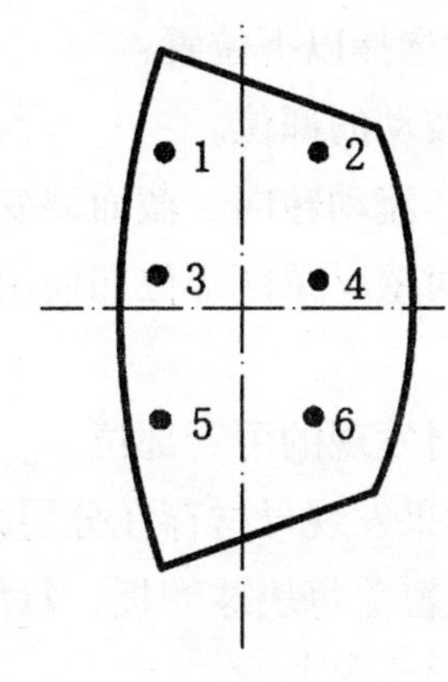

上极边板（F4—F7）、下极侧板（G4—G7）测厚点位置图

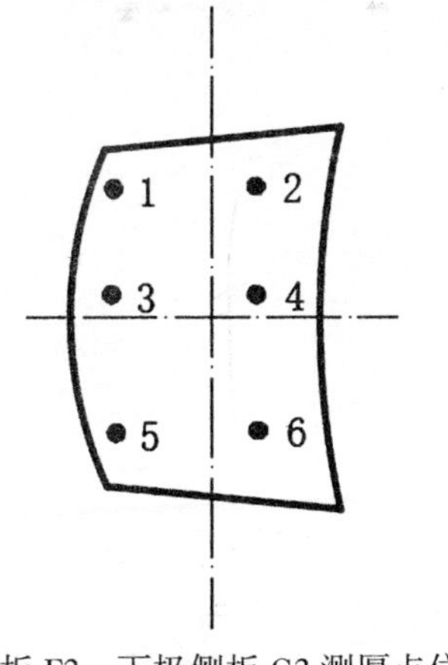

上极侧板 F3、下极侧板 G3 测厚点位置图

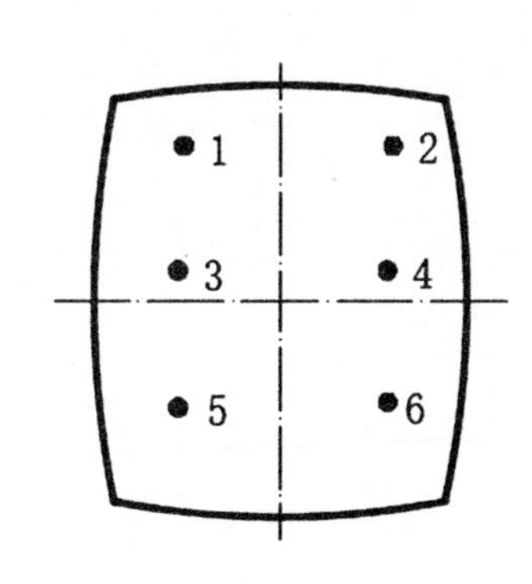

上极中板 F1、下极中板 G1 测厚点位置图

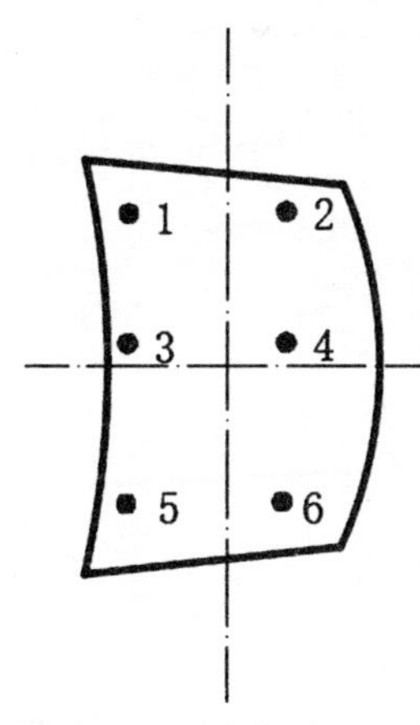

上极侧板 F2、下极侧板 G2 测厚点位置图

壁厚测定

壁厚测定，一般采用超声波测厚方法。测定位置应当有代表性，有足够的测点数。测定后标图记录，对异常测厚点做详细标记。

厚度测点，一般选择以下位置：

（1）液位经常波动的部位。

（2）物料进口、流动转向、截面突变等易受腐蚀、冲蚀的部位。

（3）制造成型时壁厚减薄部位和使用中易产生变形及磨损的部位。

（4）接管部位。

（5）宏观检验时发现的可疑部位。

壁厚测定时，如果发现母材存在分层缺陷，应当增加测点或者采用超声波检测，查明分层分布情况及与母材表面的倾斜度，同时做图记录。

壁厚测定一般应覆盖每块球壳板，每块板测厚不少于 6 个点。

四、2000m³ 混合式四带球罐无损检测附图

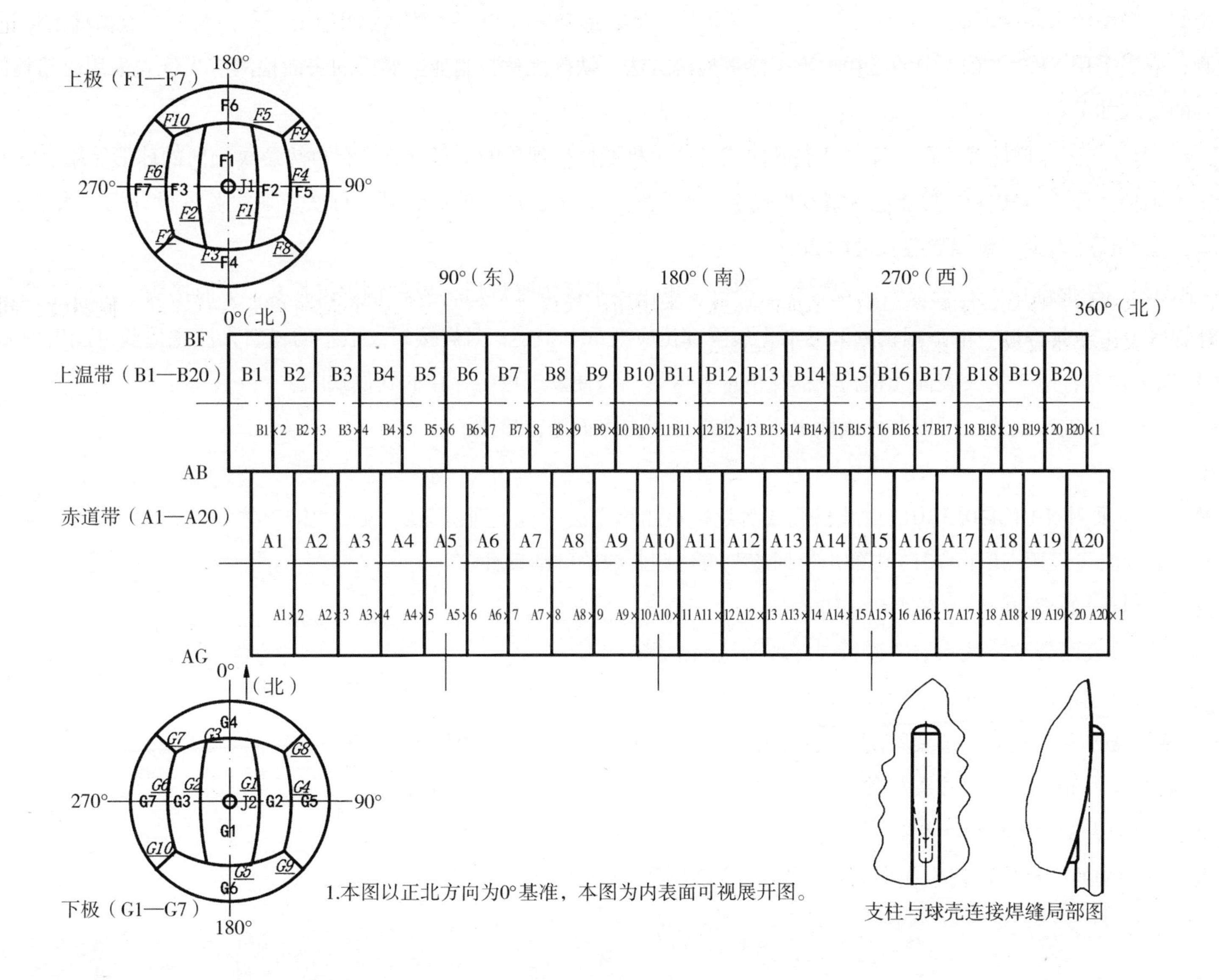

支柱与球壳连接焊缝局部图

1. 表面缺陷检测

表面缺陷检测，应当采用 NB/T 47013 中的磁粉检测、渗透检测方法。铁磁性材料制球形储罐的表面检测应当优先采用磁粉检测。

表面缺陷检测的要求如下：

（1）碳钢低合金钢制低温球形储罐、存在环境开裂倾向或者产生机械损伤现象的球形储罐、有再热裂纹倾向的球形储罐、Cr-Mo 钢制球形储罐、标准抗拉强度下限值大于 540 MPa 的低合金钢制球形储罐、按照疲劳分析设计的球形储罐、首次定期检验的设计压力大于或者等于 1.6 MPa 的第Ⅲ类球形储罐，检测长度不少于对接焊缝长度的 20%。

（2）应力集中部位、变形部位、宏观检验发现裂纹的部位，奥氏体不锈钢堆焊层，异种钢焊接接头、T 形接头、接管角接接头、其他有怀疑的焊接接头，补焊区、工卡具焊迹、电弧损伤处和易产生裂纹部位应当重点检验；对焊接裂纹敏感的材料，注意检验可能出现的延迟裂纹。

（3）检测中发现裂纹时，应当扩大表面无损检测的比例或者区域，以便发现可能存在的其他缺陷。

（4）如果无法在内表面进行检测，可以在外表面采用其他方法对内表面进行检测。

2. 埋藏缺陷检测

埋藏缺陷检测，应当采用 NB/T 47013 中的射线检测或者超声检测等方法。有下列情况之一时，由检验人员根据具体情况确定抽查采用的无损检测方法及比例，必要时可以用 NB/T 47013 中的声发射检测方法判断缺陷的活动性：

（1）使用过程中补焊过的部位。

（2）检验时发现焊缝表面裂纹，认为需要进行焊缝埋藏缺陷检测的部位。

（3）错边量和棱角度超过产品标准要求的焊缝部位。

（4）使用中出现焊接接头泄漏的部位及其两端延长部位。

（5）承受交变载荷球形储罐的焊接接头和其他应力集中部位。

（6）使用单位要求或者检验人员认为有必要的部位。

已进行过埋藏缺陷检测的，使用过程中如果无异常情况，可以不再进行检测。

五、2000m³混合式四带球罐硬度检测附图

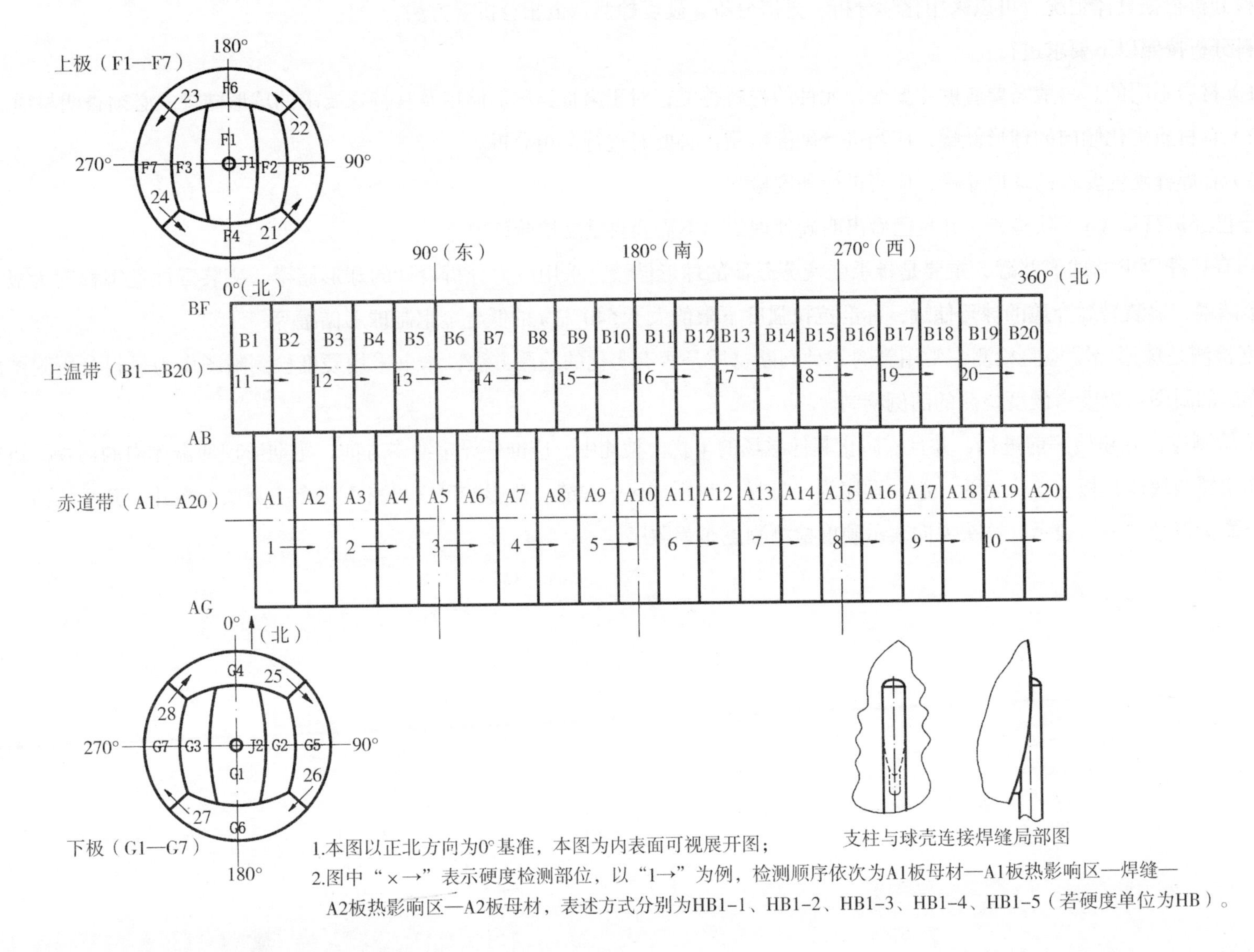

1.本图以正北方向为0°基准，本图为内表面可视展开图；

2.图中“×→”表示硬度检测部位，以“1→”为例，检测顺序依次为A1板母材—A1板热影响区—焊缝—A2板热影响区—A2板母材，表述方式分别为HB1-1、HB1-2、HB1-3、HB1-4、HB1-5（若硬度单位为HB）。

材料分析

材料分析根据具体情况，可以采用化学分析、光谱分析、硬度检测、金相分析等方法。

材料分析按照以下要求进行：

（1）材质不明的，一般需要查明主要受压元件的材料种类；对于第Ⅲ类球形储罐及有特殊要求的球形储罐，必须查明材质。

（2）有材质劣化倾向的球形储罐，应当进行硬度检测，必要时进行金相分析。

（3）有焊缝硬度要求的球形储罐，应当进行硬度检测。

对于已经进行第（1）项检验，并且已做出明确处理的，不需要再重复检验该项。

注：有特殊要求的球形储罐，主要是指承受疲劳载荷的球形储罐，采用应力分析设计的球形储罐，盛装毒性危害程度为极度、高度危害介质的球形储罐，盛装易爆介质的球形储罐，标准抗拉强度下限值大于540 MPa的低合金钢制球形储罐等。

硬度检测是球形储罐检验检测中常用到的一种判断材质是否有劣化的检测方法，本书采用硬度检测附图作为材料分析附图的范例，其他材料分析方法的附图可以参考硬度检测的图例绘制。

硬度检测应在磁粉检测前进行，并且应防止其他磁场的干扰。检测中，应准确设定冲击方向，定期清理冲击体内的污物。进行硬度检测时，一般选择相邻两块球壳板上5个点为一组，顺序为：母材—热影响区—焊缝—热影响区—母材，每点应测试3次并取其平均值。一组硬度检测点使用一个箭头符号“→”表示，箭头方向表示硬度检测测点布置顺序。

第八部分　3000m³ 混合式四带球罐

一、3000m³ 混合式四带球罐示意图

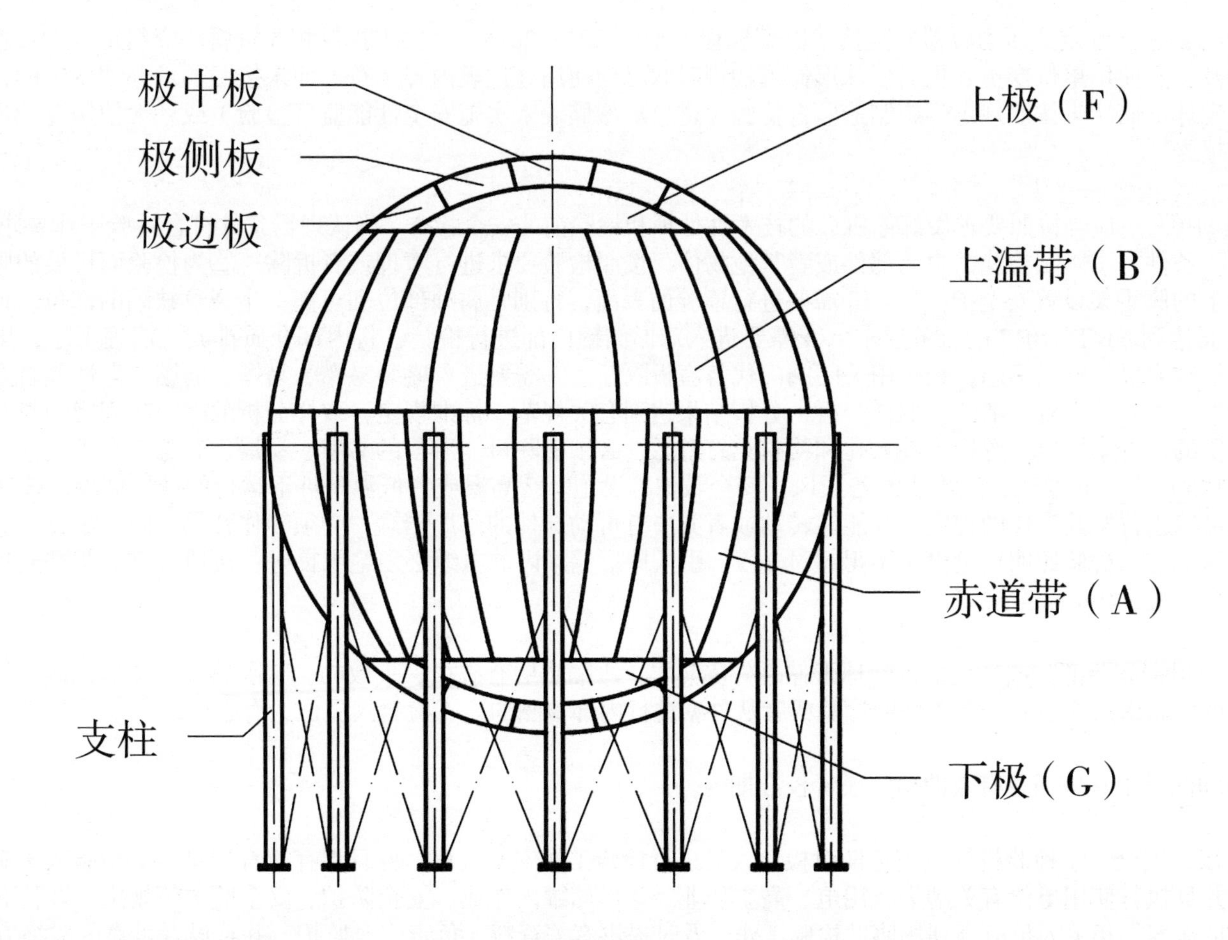

定期检验前的准备工作

1. 检验方案制订

检验前，检验机构应当根据球形储罐的使用情况、损伤模式及失效模式，依据《固定式压力容器安全技术监察规程》（TSG 21—2016）的要求制订检验方案，检验方案由检验机构技术负责人审查批准。球形储罐定期检验项目，以宏观检验、壁厚测定、表面缺陷检测、安全附件检验为主，必要时增加埋藏缺陷检测、材料分析、密封紧固件检验、强度校核、耐压试验、泄露试验等。对于有特殊情况的球形储罐的检验方案，检验机构应当征求使用单位的意见。

检验人员应当严格按照批准的检验方案进行检验工作。

2. 资料审查

检验前，使用单位应当依据《固定式压力容器安全技术监察规程》（TSG 21—2016）的要求提供相关资料。资料审查发现使用单位未按照要求对球形储罐进行年度检查，以及发生使用单位变更、更名使球形储罐的现时状况与使用登记表内容不符，而未按照要求办理变更的，检验机构应当向使用登记机关报告。资料审查发现球形储罐未按照规定实施制造监督检验（进口球形储罐未实施安全性能监督检验）或者无使用登记证，检验机构应当停止检验，并且向使用登记机关报告。

3. 现场条件要求

使用单位和相关的辅助单位，应当按照要求做好停机后的技术性处理和检验前的安全检查，确认现场条件符合检验工作要求，做好有关的准备工作。检验前，现场至少具备以下条件：①影响检验的附属部件或者其他物体，按照检验要求进行清理或者拆除。②为检验而搭设的脚手架、轻便梯等设施安全牢固（对离地面 2 m 以上的脚手架设置安全护栏）。③需要进行检验的表面，特别是腐蚀部位和可能产生裂纹缺陷的部位，彻底清理干净，露出金属本体；进行无损检测的表面达到 NB/T 47013 的有关要求。④需要进入球形储罐内部进行检验，将内部介质排放、清理干净，用盲板隔断所有液体、气体或者蒸气的来源，同时设置明显的隔离标志，禁止用关闭阀门代替盲板隔断。⑤需要进入盛装易燃、易爆、助燃、毒性或者窒息性介质的球形储罐内部进行检验，必须进行置换、中和、消毒、清洗，取样分析，分析结果达到有关规范、标准规定；取样分析的间隔时间应当符合使用单位的有关规定；盛装易燃、易爆、助燃介质的，严禁用空气置换。⑥人孔和检查孔打开后，必须清除可能滞留的易燃、易爆、有毒、有害气体和液体，球形储罐内部空间的气体含氧量保持在 0.195 以上；必要时，还需要配备通风、安全救护等设施。⑦高温或者低温条件下运行的球形储罐，按照操作规程的要求缓慢地降温或者升温，使之达到可以进行检验工作的程度。⑧能够转动或者其中有可动部件的球形储罐，必须锁住开关，固定牢靠。⑨切断与球形储罐有关的电源，设置明显的安全警示标志；检验照明用电电压不得超过 24V，引入球形储罐内的电缆必须绝缘良好、接地可靠。⑩需要现场进行射线检测时，隔离出透照区，设置警示标志，遵守相应安全规定。

4. 隔热层拆除

存在以下情况时，应当根据需要部分或者全部拆除球形储罐外隔热层：①隔热层有破损、失效的。②隔热层下球形储罐壳体存在腐蚀或者外表面开裂可能性的。③无法进行球形储罐内部检验，需要外壁检验或者从外壁进行内部检测的。④检验人员认为有必要的。

5. 设备仪器检定校准

检验用的设备、仪器和测量工具应当在有效的检定或者校准期内。

6. 检验工作安全要求

进行检验时应当注意以下安全：①检验机构应当定期对检验人员进行检验工作安全教育，并且保存教育记录。②检验人员确认现场条件符合检验工作要求后方可进行检验，并且执行使用单位有关动火、用电、高空作业、球形储罐内作业、安全防护、安全监护等规定。③检验时，使用单位球形储罐安全管理人员、作业和维护保养等相关人员应当到场协助检验工作，及时提供有关资料，负责安全监护，并且设置可靠的联络方式。

二、3000m³ 混合式四带球罐展开图

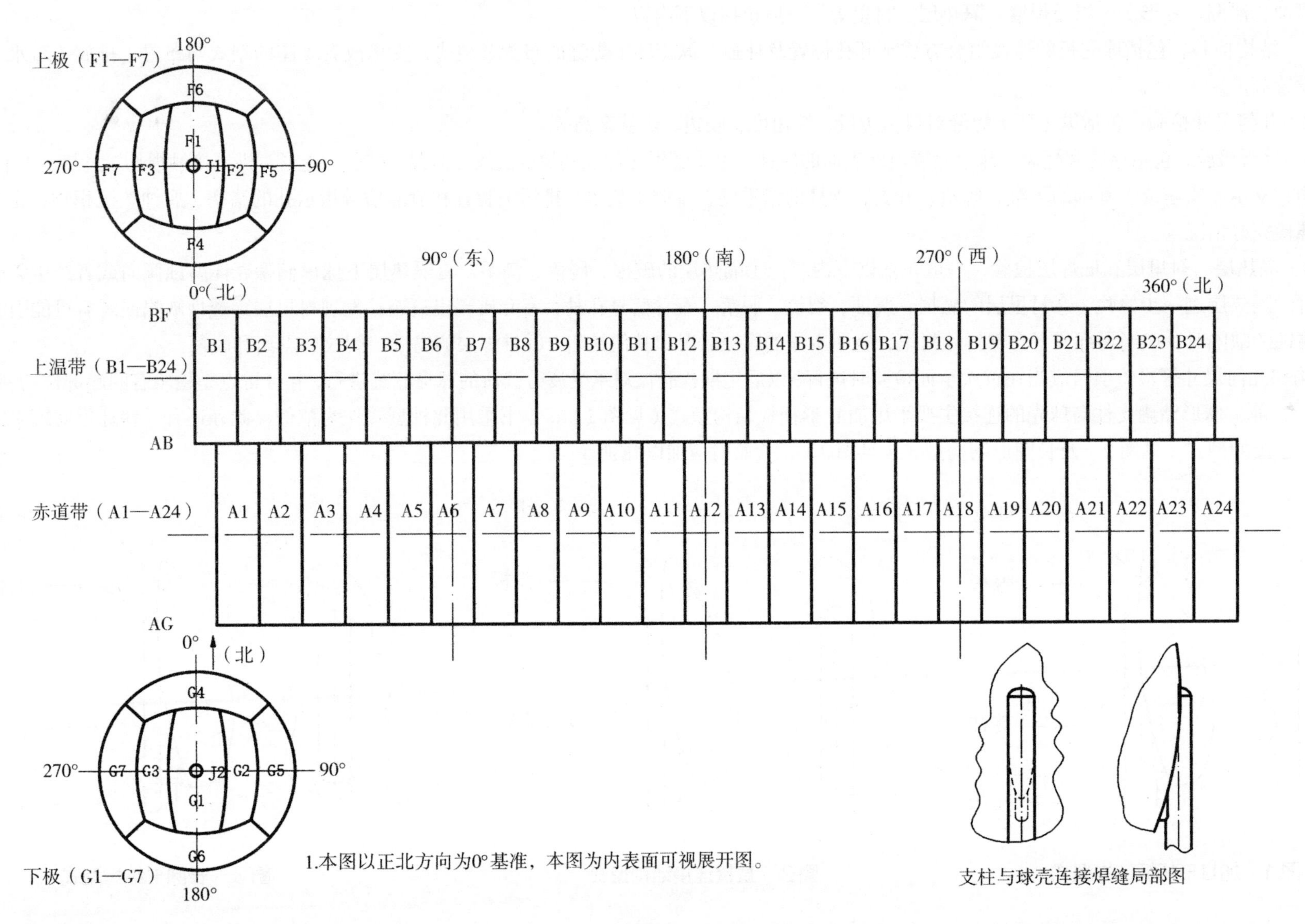

支柱与球壳连接焊缝局部图

宏观检验主要是采用目视方法（必要时利用内窥镜、放大镜或者其他辅助仪器设备、测量工具）检验球形储罐本体结构、几何尺寸、表面情况（如裂纹、腐蚀、泄漏、变形），以及焊缝、隔热层、衬里等，一般包括以下内容：

（1）结构检验，包括球壳板的连接组合方式、开孔位置及补强、纵（环）焊缝的布置及型式、支承或者支座的型式与布置、排放（疏水、排污）装置的设置等。

（2）几何尺寸检验，包括纵（环）焊缝对口错边量、棱角度、咬边、焊缝余高等。

（3）外观检验，包括铭牌和标志，球形储罐内外表面的腐蚀，主要受压元件及其焊缝裂纹、泄漏、鼓包、变形、机械接触损伤、过热，工卡具焊迹、电弧灼伤，支承、支座或者基础的下沉、倾斜、开裂，支柱的铅垂度，排放（疏水、排污）装置和泄漏信号指示孔的堵塞、腐蚀、沉积物，密封紧固件及地脚螺栓完好情况等。

（4）隔热层、衬里层和堆焊层检验，一般包括以下内容：①隔热层的破损、脱落、潮湿，有隔热层下球形储罐壳体腐蚀倾向或者产生裂纹可能性的应当拆除隔热层进一步检验。②衬里层的破损、腐蚀、裂纹、脱落，查看信号孔是否有介质流出痕迹；发现衬里层穿透性缺陷或者有可能引起球形储罐本体腐蚀的缺陷时，应当局部或者全部拆除衬里，查明本体的腐蚀状况和其他缺陷。③堆焊层的腐蚀、裂纹、剥离和脱落。

结构和几何尺寸等检验项目应当在首次全面检验时进行，以后定期检验仅对承受疲劳载荷的球形储罐进行，并且重点是检验有问题部位的新生缺陷。

注：目前，球形储罐支柱与球壳的连接主要采用加 U 形托板结构型式（见图 1），本书采用此种型式作为范例，此外还有一些球形储罐采用支柱与球壳直接连接的型式（见图 2）及长圆形结构型式（见图 3），检验时应加以甄别。

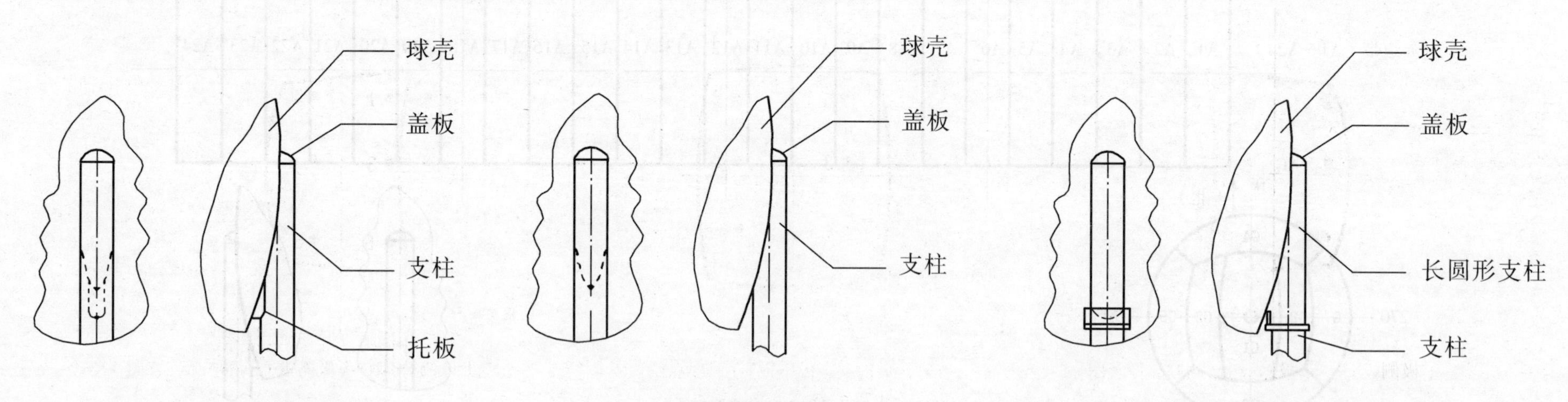

图 1　加 U 形托板结构型式　　图 2　直接连接结构型式　　图 3　长圆形结构型式

三、3000m³混合式四带球罐壁厚测定球壳板测厚图

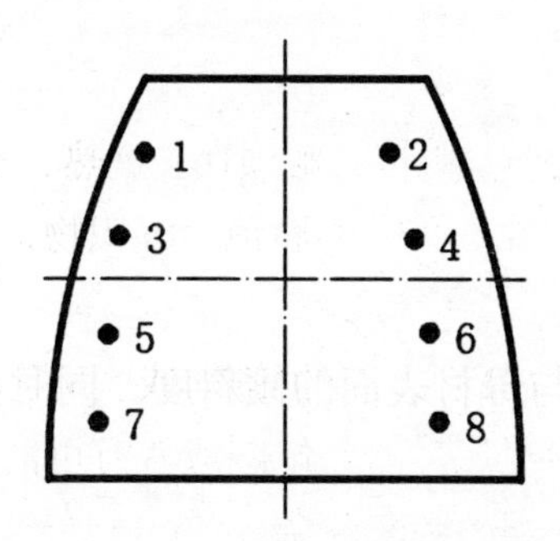

上温板（B1—B24）测厚点位置图

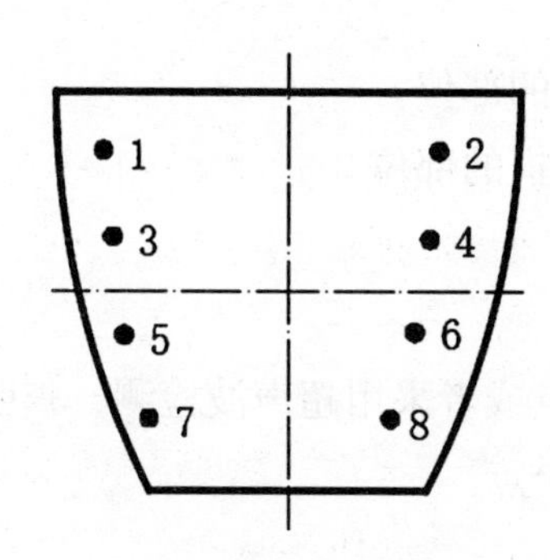

赤道板（A1—A24）测厚点位置图

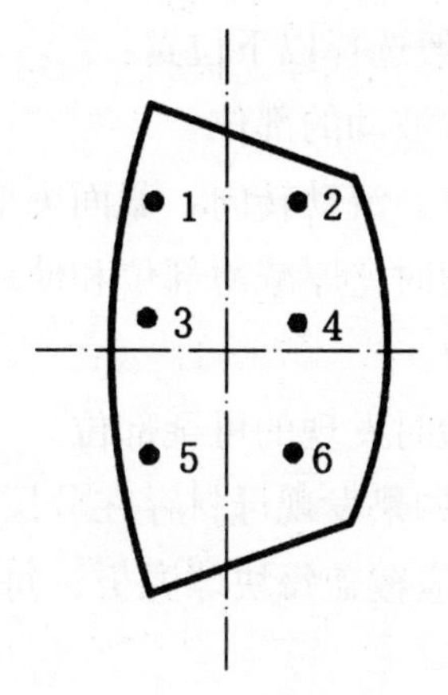

上极边板（F4—F7）、下极侧板（G4—G7）测厚点位置图

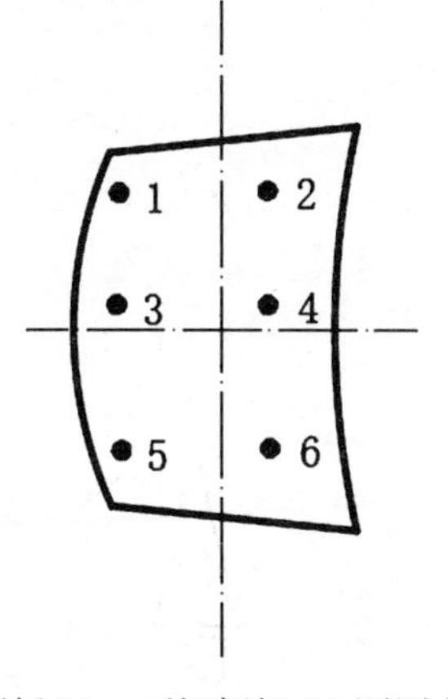

上极侧板 F3、下极侧板 G3 测厚点位置图

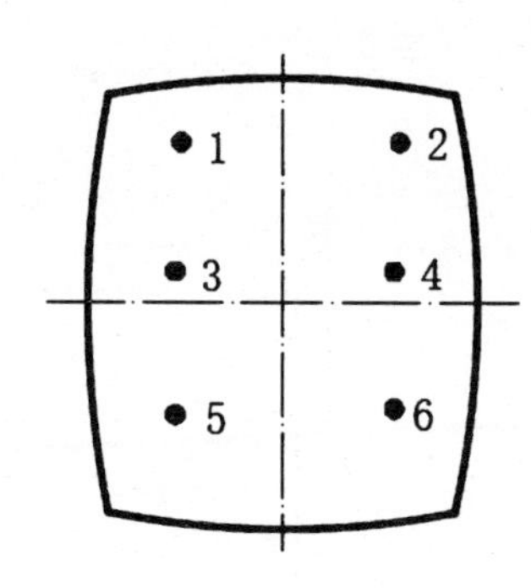

上极中板 F1、下极中板 G1 测厚点位置图

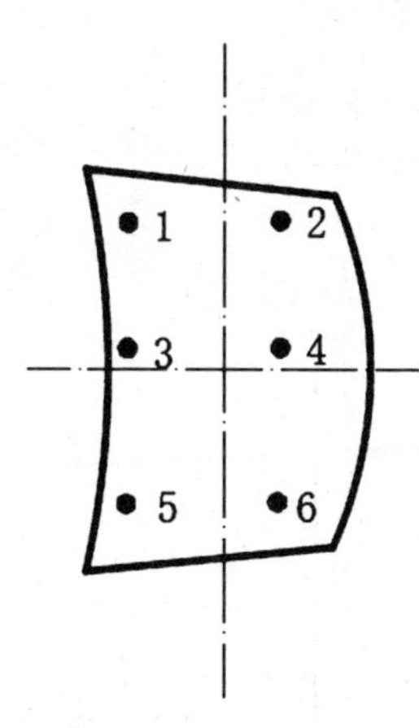

上极侧板 F2、下极侧板 G2 测厚点位置图

壁厚测定

壁厚测定，一般采用超声波测厚方法。测定位置应当有代表性，有足够的测点数。测定后标图记录，对异常测厚点做详细标记。

厚度测点，一般选择以下位置：

（1）液位经常波动的部位。

（2）物料进口、流动转向、截面突变等易受腐蚀、冲蚀的部位。

（3）制造成型时壁厚减薄部位和使用中易产生变形及磨损的部位。

（4）接管部位。

（5）宏观检验时发现的可疑部位。

壁厚测定时，如果发现母材存在分层缺陷，应当增加测点或者采用超声波检测，查明分层分布情况及与母材表面的倾斜度，同时做图记录。

壁厚测定一般应覆盖每块球壳板，每块板测厚不少于 6 个点。

四、3000m³ 混合式四带球罐无损检测附图

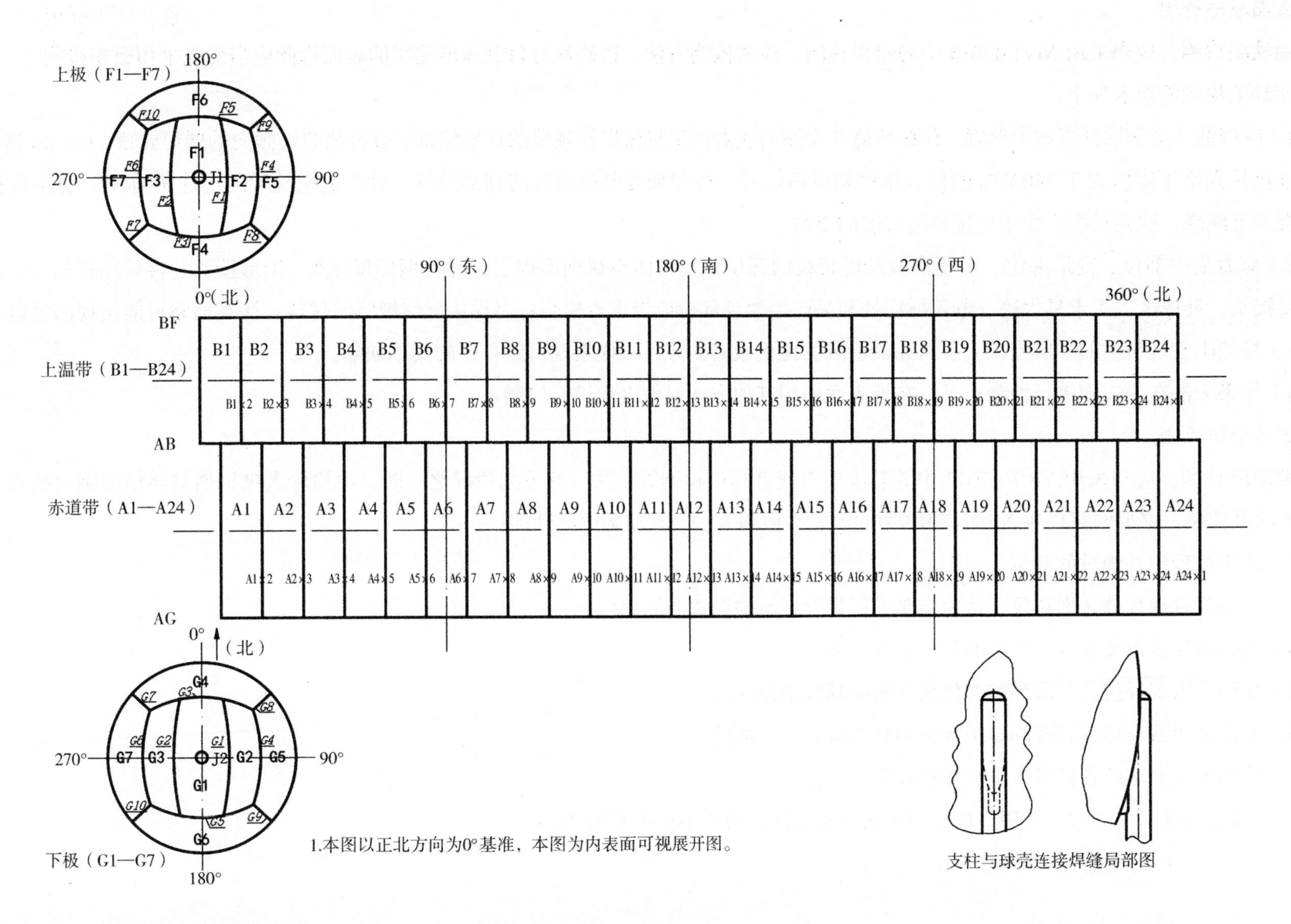

1. 表面缺陷检测

表面缺陷检测，应当采用 NB/T 47013 中的磁粉检测、渗透检测方法。铁磁性材料制球形储罐的表面检测应当优先采用磁粉检测。

表面缺陷检测的要求如下：

（1）碳钢低合金钢制低温球形储罐、存在环境开裂倾向或者产生机械损伤现象的球形储罐、有再热裂纹倾向的球形储罐、Cr-Mo 钢制球形储罐、标准抗拉强度下限值大于 540 MPa 的低合金钢制球形储罐、按照疲劳分析设计的球形储罐、首次定期检验的设计压力大于或者等于 1.6 MPa 的第Ⅲ类球形储罐，检测长度不少于对接焊缝长度的 20%。

（2）应力集中部位、变形部位、宏观检验发现裂纹的部位，奥氏体不锈钢堆焊层，异种钢焊接接头、T 形接头、接管角接接头、其他有怀疑的焊接接头，补焊区、工卡具焊迹、电弧损伤处和易产生裂纹部位应当重点检验；对焊接裂纹敏感的材料，注意检验可能出现的延迟裂纹。

（3）检测中发现裂纹时，应当扩大表面无损检测的比例或者区域，以便发现可能存在的其他缺陷。

（4）如果无法在内表面进行检测，可以在外表面采用其他方法对内表面进行检测。

2. 埋藏缺陷检测

埋藏缺陷检测，应当采用 NB/T 47013 中的射线检测或者超声检测等方法。有下列情况之一时，由检验人员根据具体情况确定抽查采用的无损检测方法及比例，必要时可以用 NB/T 47013 中的声发射检测方法判断缺陷的活动性：

（1）使用过程中补焊过的部位。

（2）检验时发现焊缝表面裂纹，认为需要进行焊缝埋藏缺陷检测的部位。

（3）错边量和棱角度超过产品标准要求的焊缝部位。

（4）使用中出现焊接接头泄漏的部位及其两端延长部位。

（5）承受交变载荷球形储罐的焊接接头和其他应力集中部位。

（6）使用单位要求或者检验人员认为有必要的部位。

已进行过埋藏缺陷检测的，使用过程中如果无异常情况，可以不再进行检测。

五、3000m³混合式四带球罐硬度检测附图

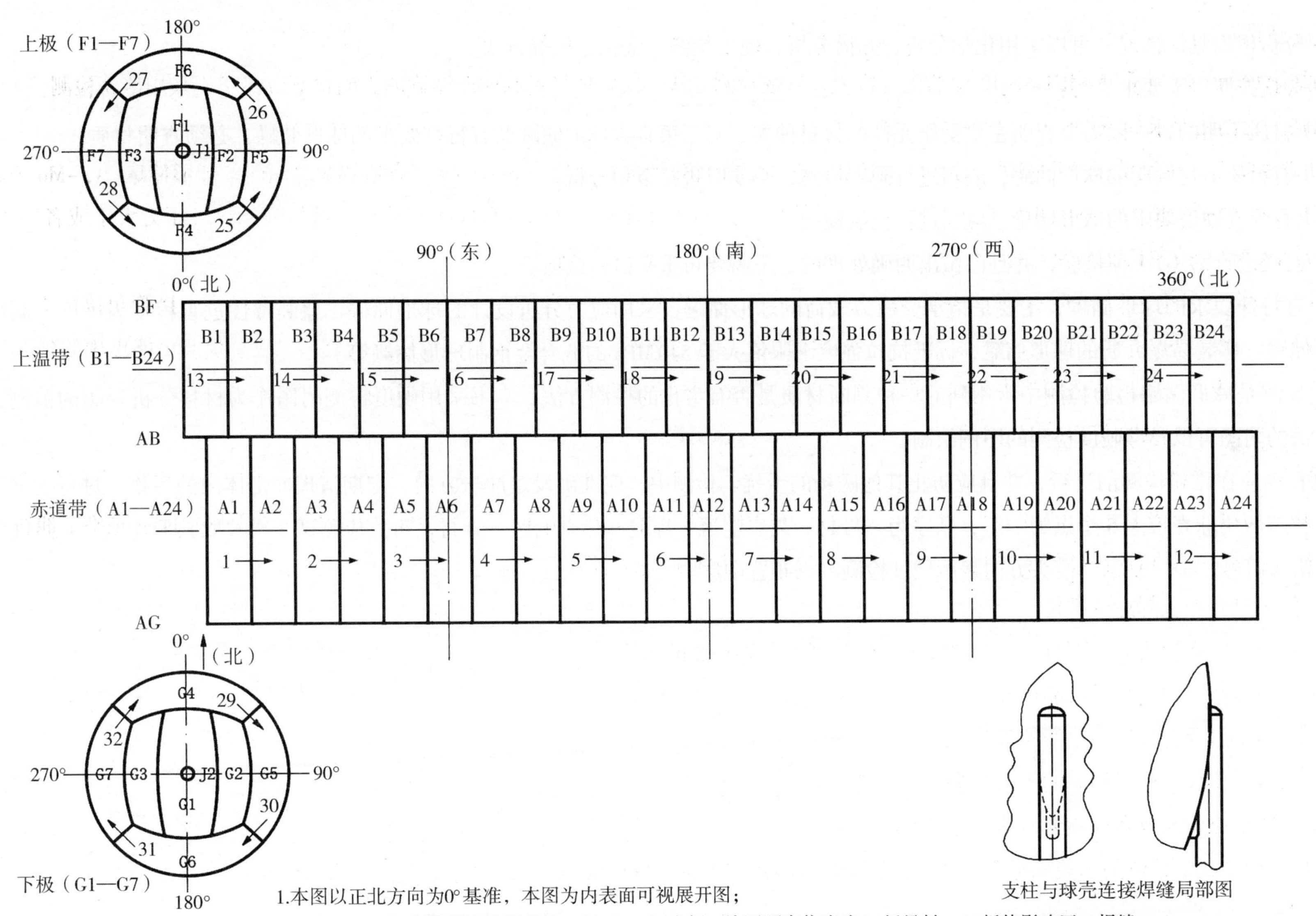

1.本图以正北方向为0°基准，本图为内表面可视展开图；

2.图中“×→”表示硬度检测部位，以“1→”为例，检测顺序依次为A1板母材—A1板热影响区—焊缝—A2板热影响区—A2板母材，表述方式分别为HB1-1、HB1-2、HB1-3、HB1-4、HB1-5（若硬度单位为HB）。

材料分析

材料分析根据具体情况，可以采用化学分析、光谱分析、硬度检测、金相分析等方法。

材料分析按照以下要求进行：

（1）材质不明的，一般需要查明主要受压元件的材料种类；对于第Ⅲ类球形储罐及有特殊要求的球形储罐，必须查明材质。

（2）有材质劣化倾向的球形储罐，应当进行硬度检测，必要时进行金相分析。

（3）有焊缝硬度要求的球形储罐，应当进行硬度检测。

对于已经进行第（1）项检验，并且已做出明确处理的，不需要再重复检验该项。

注：有特殊要求的球形储罐，主要是指承受疲劳载荷的球形储罐，采用应力分析设计的球形储罐，盛装毒性危害程度为极度、高度危害介质的球形储罐，盛装易爆介质的球形储罐，标准抗拉强度下限值大于 540 MPa 的低合金钢制球形储罐等。

硬度检测是球形储罐检验检测中常用到的一种判断材质是否有劣化的检测方法，本书采用硬度检测附图作为材料分析附图的范例，其他材料分析方法的附图可以参考硬度检测的图例绘制。

硬度检测应在磁粉检测前进行，并且应防止其他磁场的干扰。检测中，应准确设定冲击方向，定期清理冲击体内的污物。进行硬度检测时，一般选择相邻两块球壳板上 5 个点为一组，顺序为：母材—热影响区—焊缝—热影响区—母材，每点应测试 3 次并取其平均值。一组硬度检测点使用一个箭头符号“→”表示，箭头方向表示硬度检测测点布置顺序。

第九部分　5000m³ 混合式四带球罐

一、5000m³ 混合式四带球罐示意图

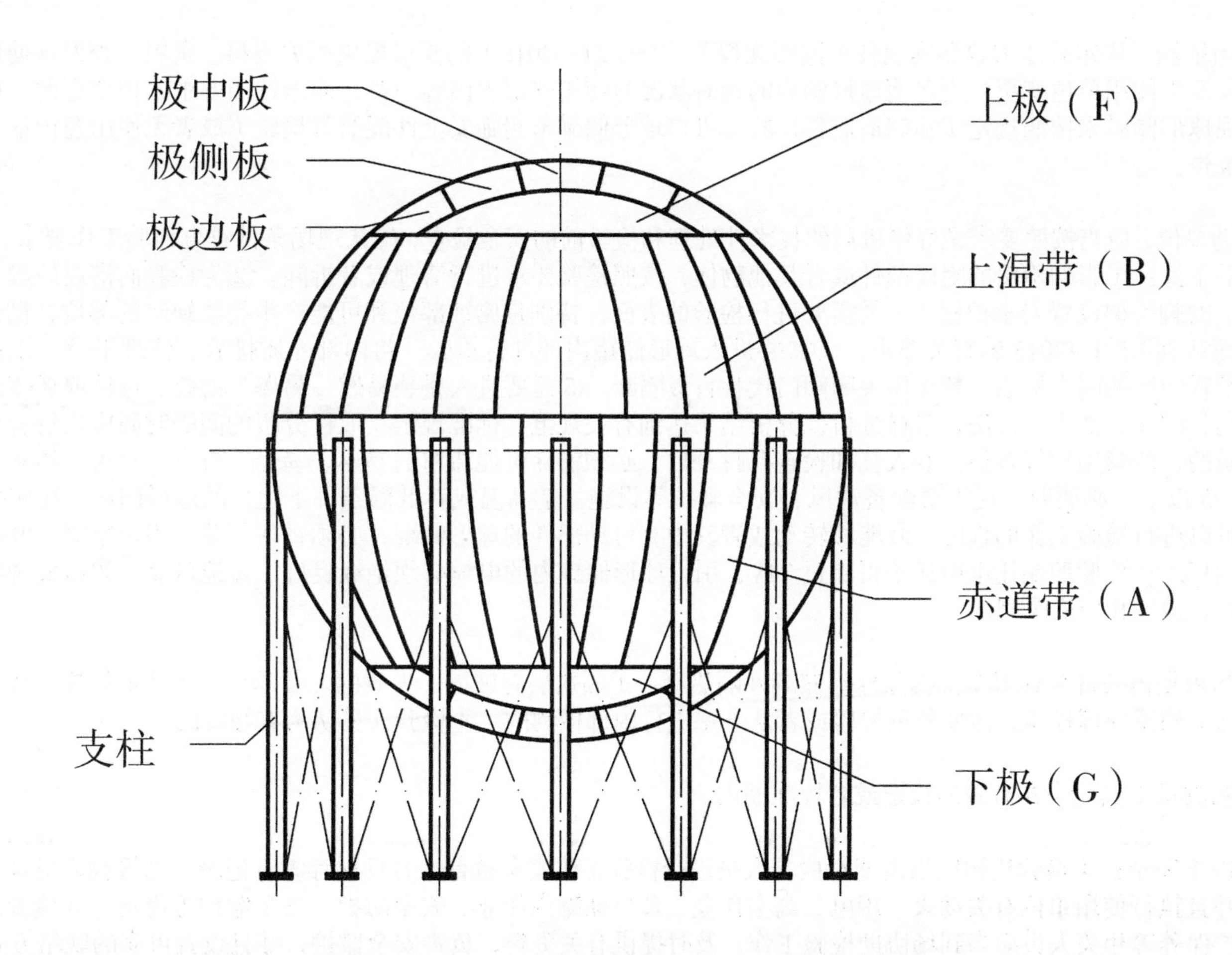

定期检验前的准备工作

1. 检验方案制订

检验前，检验机构应当根据球形储罐的使用情况、损伤模式及失效模式，依据《固定式压力容器安全技术监察规程》（TSG 21—2016）的要求制订检验方案，检验方案由检验机构技术负责人审查批准。球形储罐定期检验项目，以宏观检验、壁厚测定、表面缺陷检测、安全附件检验为主，必要时增加埋藏缺陷检测、材料分析、密封紧固件检验、强度校核、耐压试验、泄露试验等。对于有特殊情况的球形储罐的检验方案，检验机构应当征求使用单位的意见。

检验人员应当严格按照批准的检验方案进行检验工作。

2. 资料审查

检验前，使用单位应当依据《固定式压力容器安全技术监察规程》（TSG 21—2016）的要求提供相关资料。资料审查发现使用单位未按照要求对球形储罐进行年度检查，以及发生使用单位变更、更名使球形储罐的现时状况与使用登记表内容不符，而未按照要求办理变更的，检验机构应当向使用登记机关报告。资料审查发现球形储罐未按照规定实施制造监督检验（进口球形储罐未实施安全性能监督检验）或者无使用登记证，检验机构应当停止检验，并且向使用登记机关报告。

3. 现场条件要求

使用单位和相关的辅助单位，应当按照要求做好停机后的技术性处理和检验前的安全检查，确认现场条件符合检验工作要求，做好有关的准备工作。检验前，现场至少具备以下条件：①影响检验的附属部件或者其他物体，按照检验要求进行清理或者拆除。②为检验而搭设的脚手架、轻便梯等设施安全牢固（对离地面 2 m 以上的脚手架设置安全护栏）。③需要进行检验的表面，特别是腐蚀部位和可能产生裂纹缺陷的部位，彻底清理干净，露出金属本体；进行无损检测的表面达到 NB/T 47013 的有关要求。④需要进入球形储罐内部进行检验，将内部介质排放、清理干净，用盲板隔断所有液体、气体或者蒸气的来源，同时设置明显的隔离标志，禁止用关闭阀门代替盲板隔断。⑤需要进入盛装易燃、易爆、助燃、毒性或者窒息性介质的球形储罐内部进行检验，必须进行置换、中和、消毒、清洗，取样分析，分析结果达到有关规范、标准规定；取样分析的间隔时间应当符合使用单位的有关规定；盛装易燃、易爆、助燃介质的，严禁用空气置换。⑥人孔和检查孔打开后，必须清除可能滞留的易燃、易爆、有毒、有害气体和液体，球形储罐内部空间的气体含氧量保持在 0.195 以上；必要时，还需要配备通风、安全救护等设施。⑦高温或者低温条件下运行的球形储罐，按照操作规程的要求缓慢地降温或者升温，使之达到可以进行检验工作的程度。⑧能够转动或者其中有可动部件的球形储罐，必须锁住开关，固定牢靠。⑨切断与球形储罐有关的电源，设置明显的安全警示标志；检验照明用电电压不得超过 24V，引入球形储罐内的电缆必须绝缘良好、接地可靠。⑩需要现场进行射线检测时，隔离出透照区，设置警示标志，遵守相应安全规定。

4. 隔热层拆除

存在以下情况时，应当根据需要部分或者全部拆除球形储罐外隔热层：①隔热层有破损、失效的。②隔热层下球形储罐壳体存在腐蚀或者外表面开裂可能性的。③无法进行球形储罐内部检验，需要外壁检验或者从外壁进行内部检测的。④检验人员认为有必要的。

5. 设备仪器检定校准

检验用的设备、仪器和测量工具应当在有效的检定或者校准期内。

6. 检验工作安全要求

进行检验时应当注意以下安全：①检验机构应当定期对检验人员进行检验工作安全教育，并且保存教育记录。②检验人员确认现场条件符合检验工作要求后方可进行检验，并且执行使用单位有关动火、用电、高空作业、球形储罐内作业、安全防护、安全监护等规定。③检验时，使用单位球形储罐安全管理人员、作业和维护保养等相关人员应当到场协助检验工作，及时提供有关资料，负责安全监护，并且设置可靠的联络方式。

二、5000m³混合式四带球罐展开图

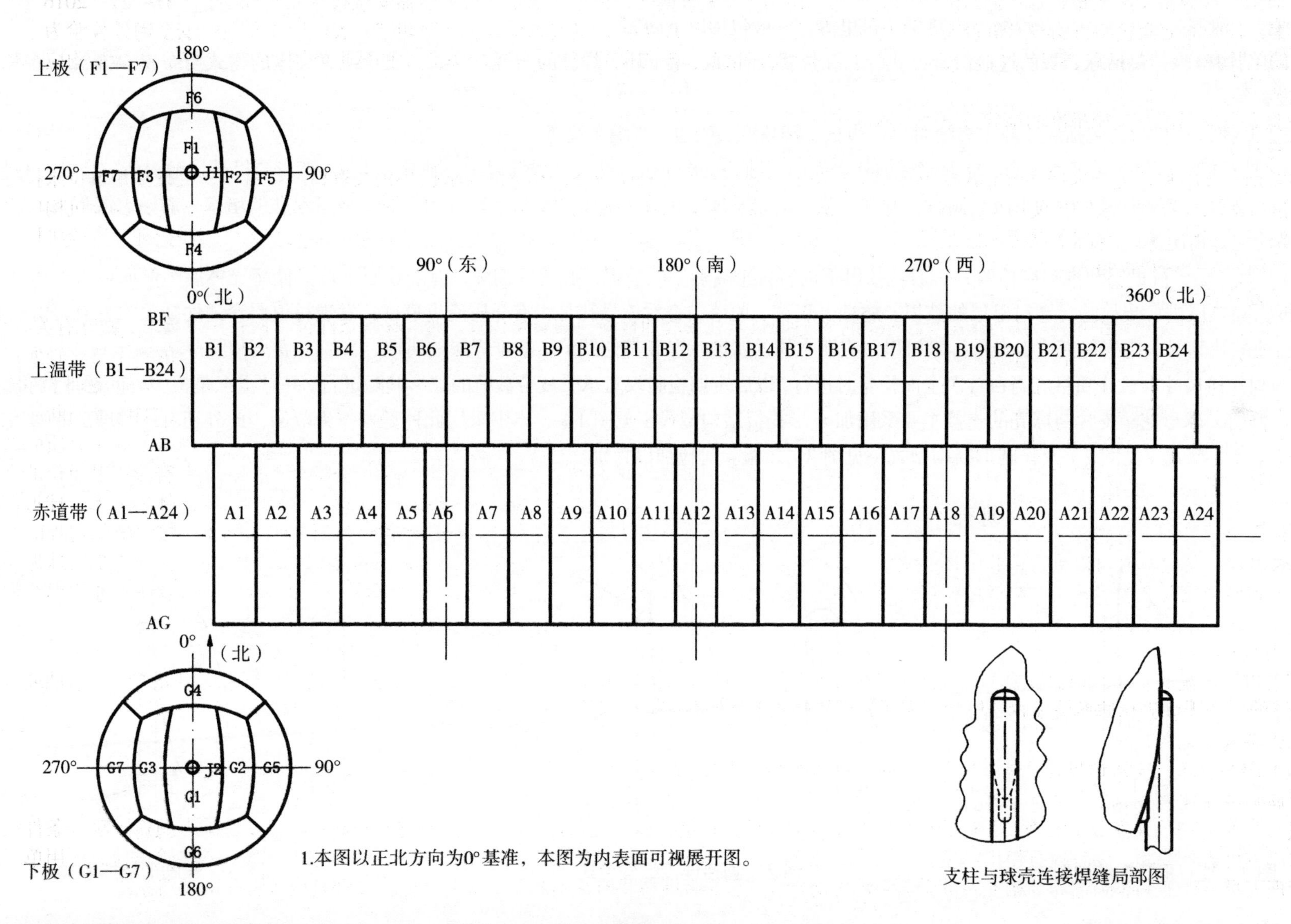

宏观检验

宏观检验主要是采用目视方法（必要时利用内窥镜、放大镜或者其他辅助仪器设备、测量工具）检验球形储罐本体结构、几何尺寸、表面情况（如裂纹、腐蚀、泄漏、变形），以及焊缝、隔热层、衬里等，一般包括以下内容：

（1）结构检验，包括球壳板的连接组合方式、开孔位置及补强、纵（环）焊缝的布置及型式、支承或者支座的型式与布置、排放（疏水、排污）装置的设置等。

（2）几何尺寸检验，包括纵（环）焊缝对口错边量、棱角度、咬边、焊缝余高等。

（3）外观检验，包括铭牌和标志，球形储罐内外表面的腐蚀，主要受压元件及其焊缝裂纹、泄漏、鼓包、变形、机械接触损伤、过热，工卡具焊迹、电弧灼伤，支承、支座或者基础的下沉、倾斜、开裂，支柱的铅垂度，排放（疏水、排污）装置和泄漏信号指示孔的堵塞、腐蚀、沉积物，密封紧固件及地脚螺栓完好情况等。

（4）隔热层、衬里层和堆焊层检验，一般包括以下内容：①隔热层的破损、脱落、潮湿，有隔热层下球形储罐壳体腐蚀倾向或者产生裂纹可能性的应当拆除隔热层进一步检验。②衬里层的破损、腐蚀、裂纹、脱落，查看信号孔是否有介质流出痕迹；发现衬里层穿透性缺陷或者有可能引起球形储罐本体腐蚀的缺陷时，应当局部或者全部拆除衬里，查明本体的腐蚀状况和其他缺陷。③堆焊层的腐蚀、裂纹、剥离和脱落。

结构和几何尺寸等检验项目应当在首次全面检验时进行，以后定期检验仅对承受疲劳载荷的球形储罐进行，并且重点是检验有问题部位的新生缺陷。

注：目前，球形储罐支柱与球壳的连接主要采用加 U 形托板结构型式（见图 1），本书采用此种型式作为范例，此外还有一些球形储罐采用支柱与球壳直接连接的型式（见图 2）及长圆形结构型式（见图 3），检验时应加以甄别。

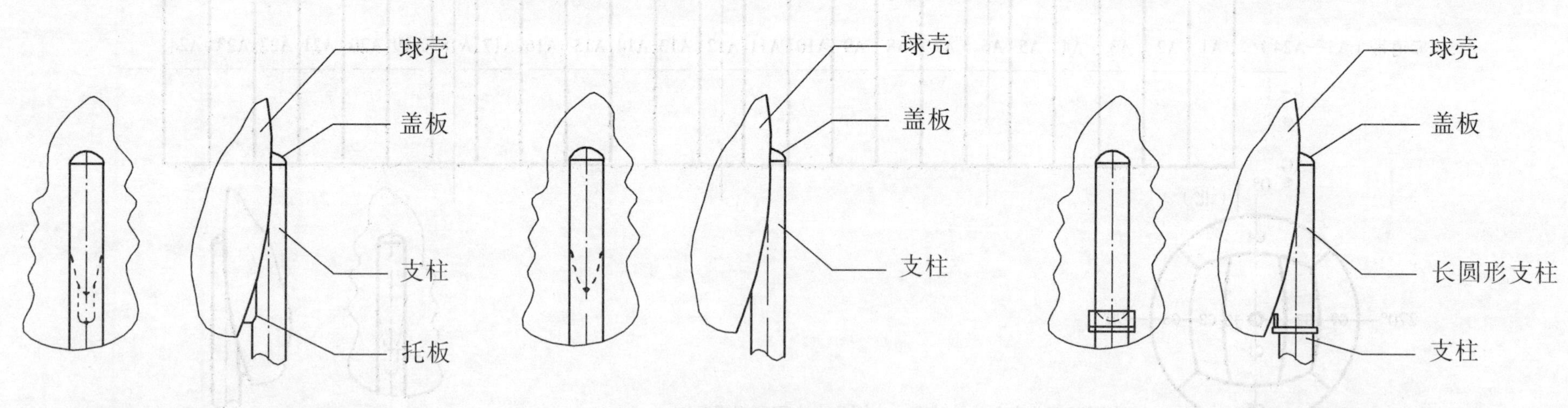

图 1　加 U 形托板结构型式　　图 2　直接连接结构型式　　图 3　长圆形结构型式

三、5000m³ 混合式四带球罐壁厚测定球壳板测厚图

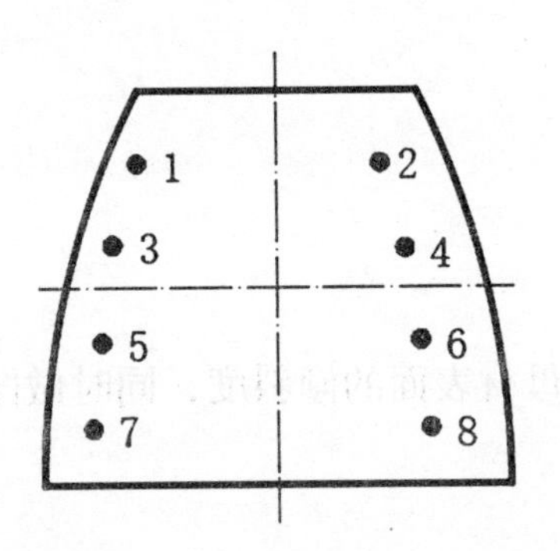

上温板（B1—B24）测厚点位置图

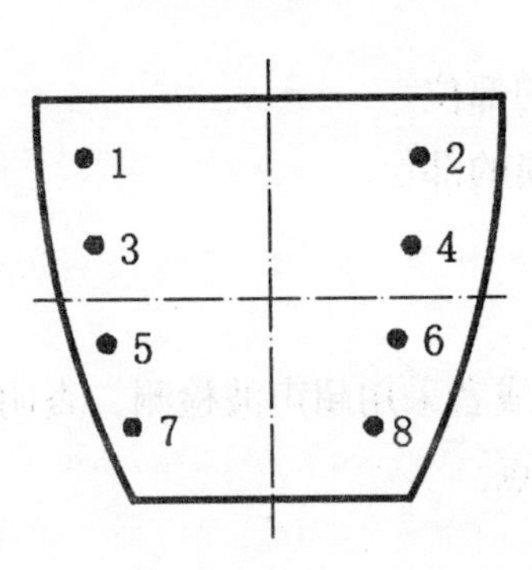

赤道板（A1—A24）测厚点位置图

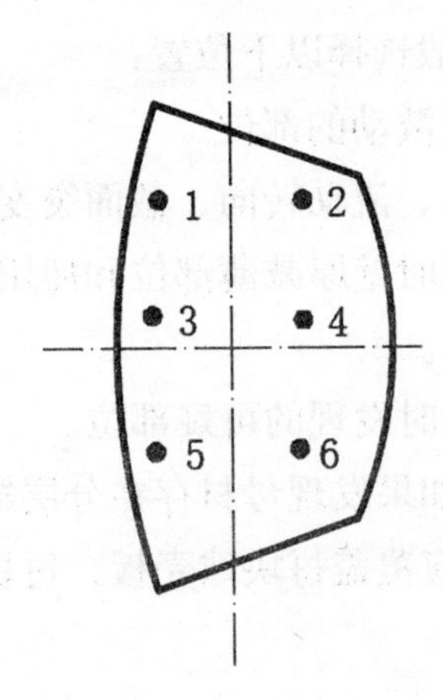

上极边板（F4—F7）、下极侧板（G4—G7）测厚点位置图

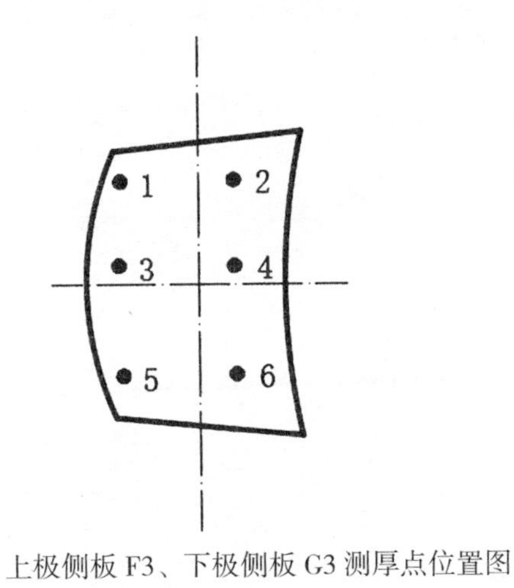

上极侧板 F3、下极侧板 G3 测厚点位置图

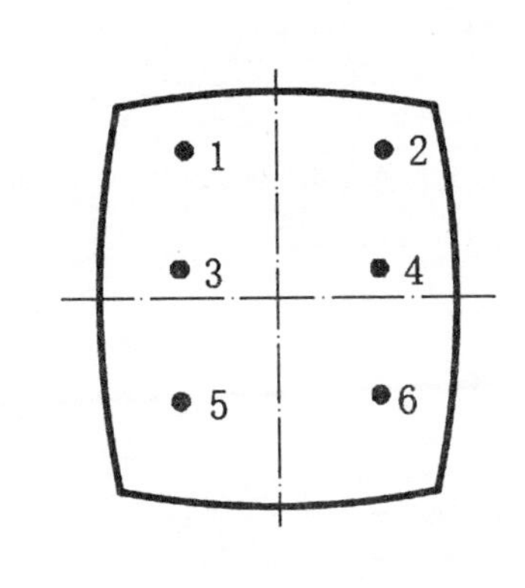

上极中板 F1、下极中板 G1 测厚点位置图

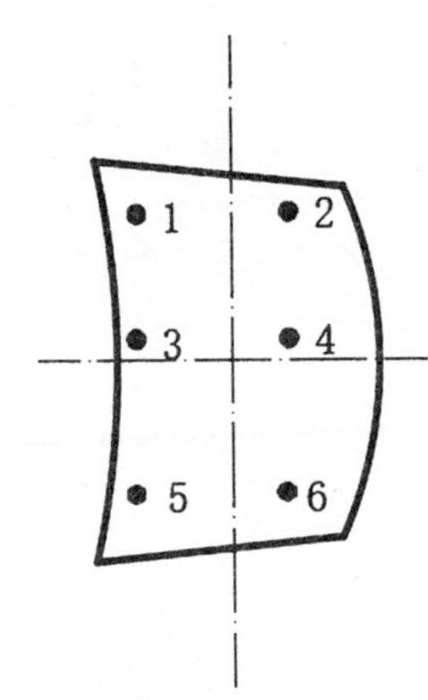

上极侧板 F2、下极侧板 G2 测厚点位置图

壁厚测定

壁厚测定，一般采用超声波测厚方法。测定位置应当有代表性，有足够的测点数。测定后标图记录，对异常测厚点做详细标记。

厚度测点，一般选择以下位置：

（1）液位经常波动的部位。

（2）物料进口、流动转向、截面突变等易受腐蚀、冲蚀的部位。

（3）制造成型时壁厚减薄部位和使用中易产生变形及磨损的部位。

（4）接管部位。

（5）宏观检验时发现的可疑部位。

壁厚测定时，如果发现母材存在分层缺陷，应当增加测点或者采用超声波检测，查明分层分布情况及与母材表面的倾斜度，同时做图记录。

壁厚测定一般应覆盖每块球壳板，每块板测厚不少于 6 个点。

四、5000m³ 混合式四带球罐无损检测附图

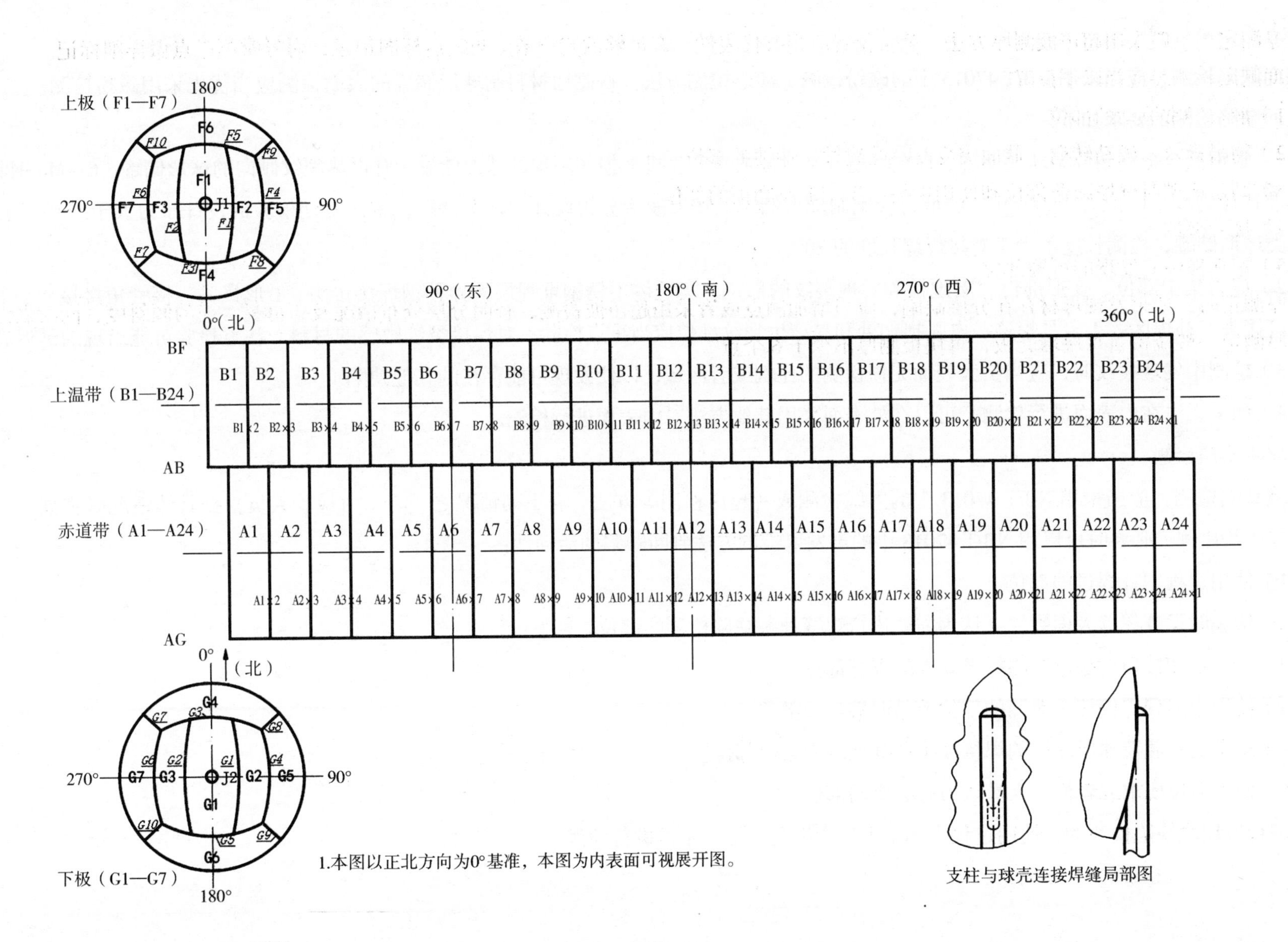

支柱与球壳连接焊缝局部图

1. 表面缺陷检测

表面缺陷检测，应当采用 NB/T 47013 中的磁粉检测、渗透检测方法。铁磁性材料制球形储罐的表面检测应当优先采用磁粉检测。

表面缺陷检测的要求如下：

（1）碳钢低合金钢制低温球形储罐、存在环境开裂倾向或者产生机械损伤现象的球形储罐、有再热裂纹倾向的球形储罐、Cr–Mo 钢制球形储罐、标准抗拉强度下限值大于 540 MPa 的低合金钢制球形储罐、按照疲劳分析设计的球形储罐、首次定期检验的设计压力大于或者等于 1.6 MPa 的第Ⅲ类球形储罐，检测长度不少于对接焊缝长度的 20%。

（2）应力集中部位、变形部位、宏观检验发现裂纹的部位，奥氏体不锈钢堆焊层，异种钢焊接接头、T 形接头、接管角接接头、其他有怀疑的焊接接头，补焊区、工卡具焊迹、电弧损伤处和易产生裂纹部位应当重点检验；对焊接裂纹敏感的材料，注意检验可能出现的延迟裂纹。

（3）检测中发现裂纹时，应当扩大表面无损检测的比例或者区域，以便发现可能存在的其他缺陷。

（4）如果无法在内表面进行检测，可以在外表面采用其他方法对内表面进行检测。

2. 埋藏缺陷检测

埋藏缺陷检测，应当采用 NB/T 47013 中的射线检测或者超声检测等方法。有下列情况之一时，由检验人员根据具体情况确定抽查采用的无损检测方法及比例，必要时可以用 NB/T 47013 中的声发射检测方法判断缺陷的活动性：

（1）使用过程中补焊过的部位。

（2）检验时发现焊缝表面裂纹，认为需要进行焊缝埋藏缺陷检测的部位。

（3）错边量和棱角度超过产品标准要求的焊缝部位。

（4）使用中出现焊接接头泄漏的部位及其两端延长部位。

（5）承受交变载荷球形储罐的焊接接头和其他应力集中部位。

（6）使用单位要求或者检验人员认为有必要的部位。

已进行过埋藏缺陷检测的，使用过程中如果无异常情况，可以不再进行检测。

五、5000m³ 混合式四带球罐硬度检测附图

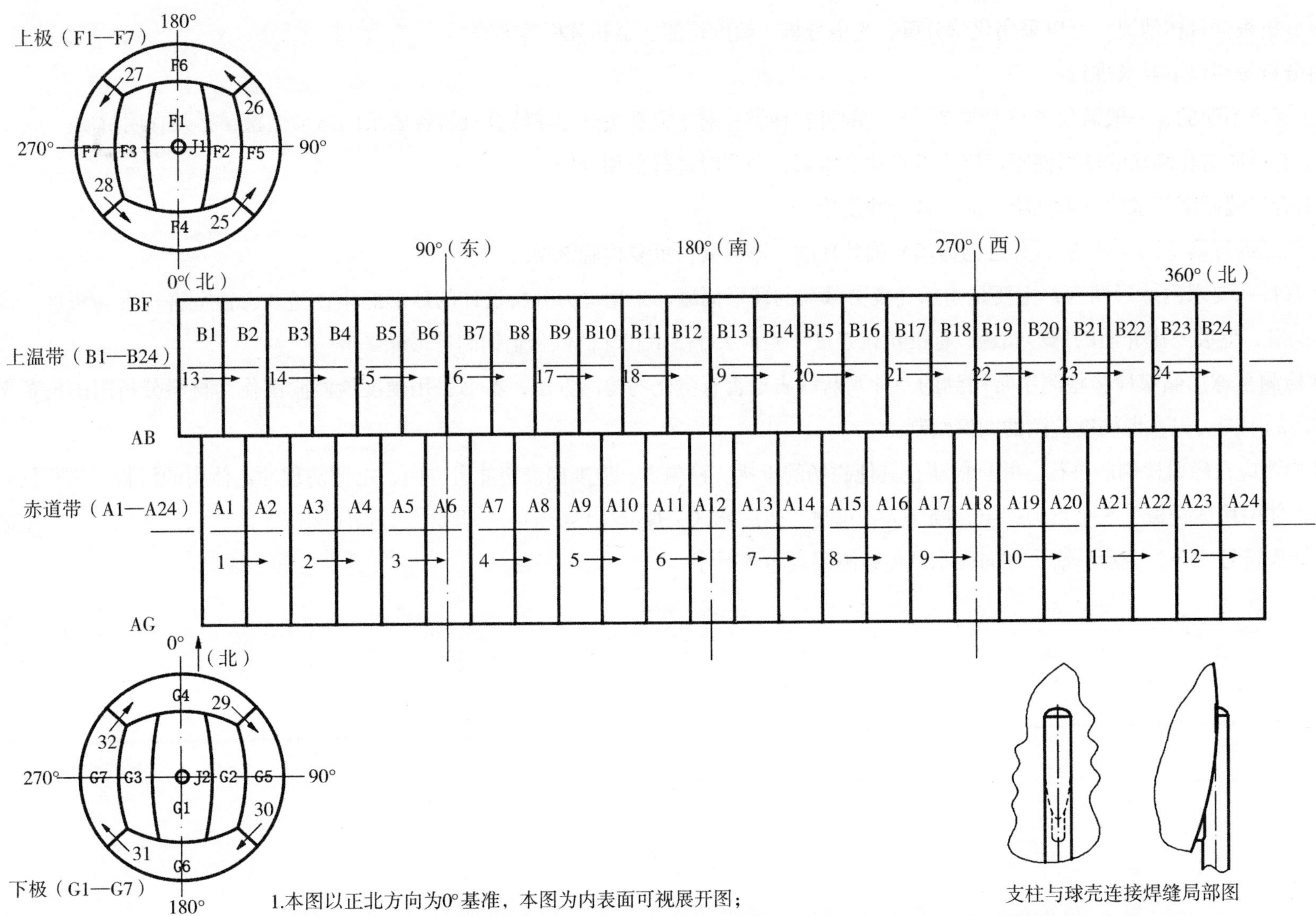

支柱与球壳连接焊缝局部图

1.本图以正北方向为0°基准，本图为内表面可视展开图；

2.图中“×→”表示硬度检测部位，以“1→”为例，检测顺序依次为A1板母材—A1板热影响区—焊缝—A2板热影响区—A2板母材，表述方式分别为HB1-1、HB1-2、HB1-3、HB1-4、HB1-5（若硬度单位为HB）。

材料分析

材料分析根据具体情况，可以采用化学分析、光谱分析、硬度检测、金相分析等方法。

材料分析按照以下要求进行：

（1）材质不明的，一般需要查明主要受压元件的材料种类；对于第Ⅲ类球形储罐及有特殊要求的球形储罐，必须查明材质。

（2）有材质劣化倾向的球形储罐，应当进行硬度检测，必要时进行金相分析。

（3）有焊缝硬度要求的球形储罐，应当进行硬度检测。

对于已经进行第（1）项检验，并且已做出明确处理的，不需要再重复检验该项。

注：有特殊要求的球形储罐，主要是指承受疲劳载荷的球形储罐，采用应力分析设计的球形储罐，盛装毒性危害程度为极度、高度危害介质的球形储罐，盛装易爆介质的球形储罐，标准抗拉强度下限值大于 540 MPa 的低合金钢制球形储罐等。

硬度检测是球形储罐检验检测中常用到的一种判断材质是否有劣化的检测方法，本书采用硬度检测附图作为材料分析附图的范例，其他材料分析方法的附图可以参考硬度检测的图例绘制。

硬度检测应在磁粉检测前进行，并且应防止其他磁场的干扰。检测中，应准确设定冲击方向，定期清理冲击体内的污物。进行硬度检测时，一般选择相邻两块球壳板上 5 个点为一组，顺序为：母材—热影响区—焊缝—热影响区—母材，每点应测试 3 次并取其平均值。一组硬度检测点使用一个箭头符号“→”表示，箭头方向表示硬度检测测点布置顺序。

第十部分　5000m³ 混合式五带球罐

一、5000m³ 混合式五带球罐示意图

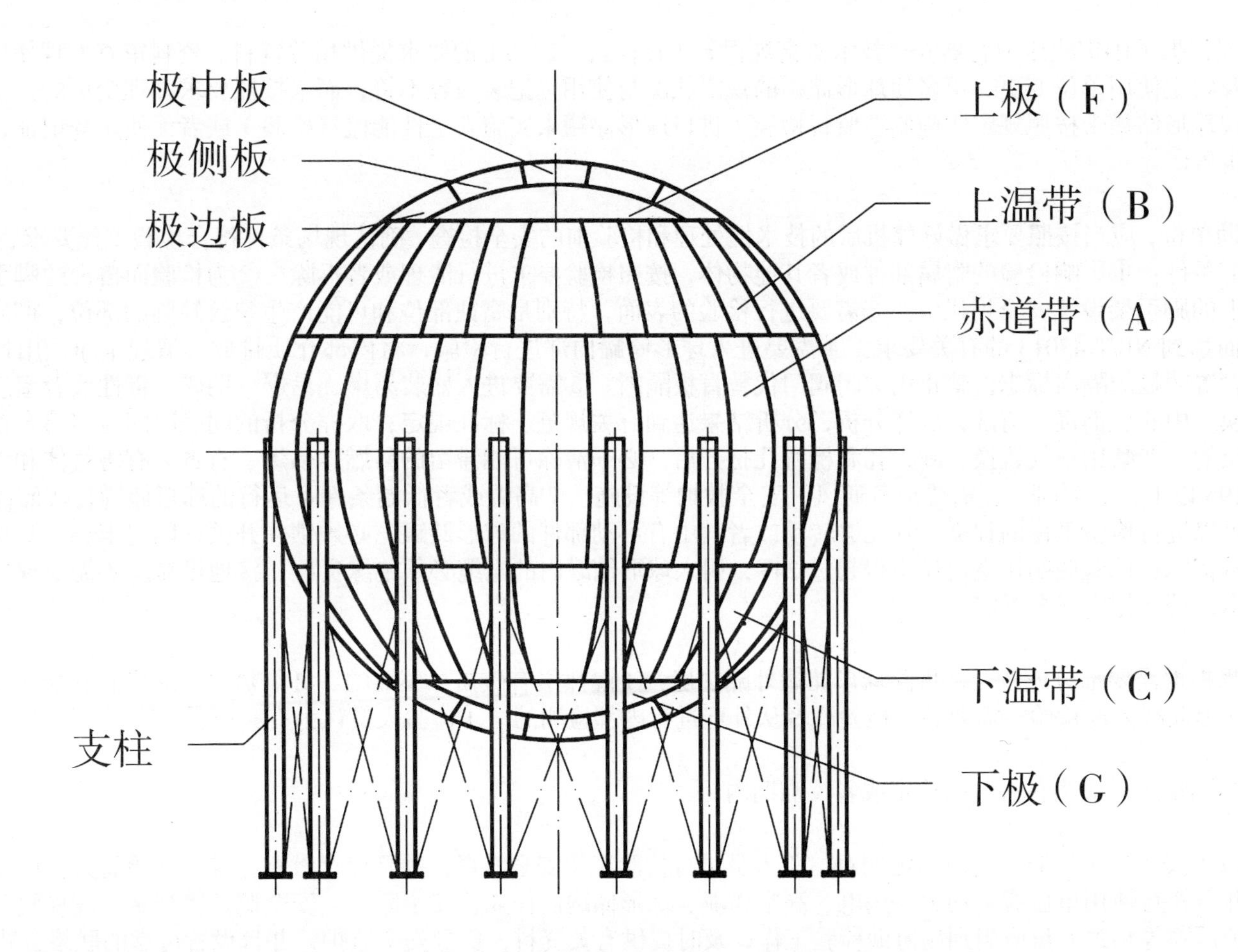

定期检验前的准备工作

1. 检验方案制订

检验前，检验机构应当根据球形储罐的使用情况、损伤模式及失效模式，依据《固定式压力容器安全技术监察规程》（TSG 21—2016）的要求制订检验方案，检验方案由检验机构技术负责人审查批准。球形储罐定期检验项目，以宏观检验、壁厚测定、表面缺陷检测、安全附件检验为主，必要时增加埋藏缺陷检测、材料分析、密封紧固件检验、强度校核、耐压试验、泄露试验等。对于有特殊情况的球形储罐的检验方案，检验机构应当征求使用单位的意见。

检验人员应当严格按照批准的检验方案进行检验工作。

2. 资料审查

检验前，使用单位应当依据《固定式压力容器安全技术监察规程》（TSG 21—2016）的要求提供相关资料。资料审查发现使用单位未按照要求对球形储罐进行年度检查，以及发生使用单位变更、更名使球形储罐的现时状况与使用登记表内容不符，而未按照要求办理变更的，检验机构应当向使用登记机关报告。资料审查发现球形储罐未按照规定实施制造监督检验（进口球形储罐未实施安全性能监督检验）或者无使用登记证，检验机构应当停止检验，并且向使用登记机关报告。

3. 现场条件要求

使用单位和相关的辅助单位，应当按照要求做好停机后的技术性处理和检验前的安全检查，确认现场条件符合检验工作要求，做好有关的准备工作。检验前，现场至少具备以下条件：①影响检验的附属部件或者其他物体，按照检验要求进行清理或者拆除。②为检验而搭设的脚手架、轻便梯等设施安全牢固（对离地面 2 m 以上的脚手架设置安全护栏）。③需要进行检验的表面，特别是腐蚀部位和可能产生裂纹缺陷的部位，彻底清理干净，露出金属本体；进行无损检测的表面达到 NB/T 47013 的有关要求。④需要进入球形储罐内部进行检验，将内部介质排放、清理干净，用盲板隔断所有液体、气体或者蒸气的来源，同时设置明显的隔离标志，禁止用关闭阀门代替盲板隔断。⑤需要进入盛装易燃、易爆、助燃、毒性或者窒息性介质的球形储罐内部进行检验，必须进行置换、中和、消毒、清洗，取样分析，分析结果达到有关规范、标准规定；取样分析的间隔时间应当符合使用单位的有关规定；盛装易燃、易爆、助燃介质的，严禁用空气置换。⑥人孔和检查孔打开后，必须清除可能滞留的易燃、易爆、有毒、有害气体和液体，球形储罐内部空间的气体含氧量保持在 0.195 以上；必要时，还需要配备通风、安全救护等设施。⑦高温或者低温条件下运行的球形储罐，按照操作规程的要求缓慢地降温或者升温，使之达到可以进行检验工作的程度。⑧能够转动或者其中有可动部件的球形储罐，必须锁住开关，固定牢靠。⑨切断与球形储罐有关的电源，设置明显的安全警示标志；检验照明用电电压不得超过 24V，引入球形储罐内的电缆必须绝缘良好、接地可靠。⑩需要现场进行射线检测时，隔离出透照区，设置警示标志，遵守相应安全规定。

4. 隔热层拆除

存在以下情况时，应当根据需要部分或者全部拆除球形储罐外隔热层：①隔热层有破损、失效的。②隔热层下球形储罐壳体存在腐蚀或者外表面开裂可能性的。③无法进行球形储罐内部检验，需要外壁检验或者从外壁进行内部检测的。④检验人员认为有必要的。

5. 设备仪器检定校准

检验用的设备、仪器和测量工具应当在有效的检定或者校准期内。

6. 检验工作安全要求

进行检验时应当注意以下安全：①检验机构应当定期对检验人员进行检验工作安全教育，并且保存教育记录。②检验人员确认现场条件符合检验工作要求后方可进行检验，并且执行使用单位有关动火、用电、高空作业、球形储罐内作业、安全防护、安全监护等规定。③检验时，使用单位球形储罐安全管理人员、作业和维护保养等相关人员应当到场协助检验工作，及时提供有关资料，负责安全监护，并且设置可靠的联络方式。

二、5000m³ 混合式五带球罐展开图

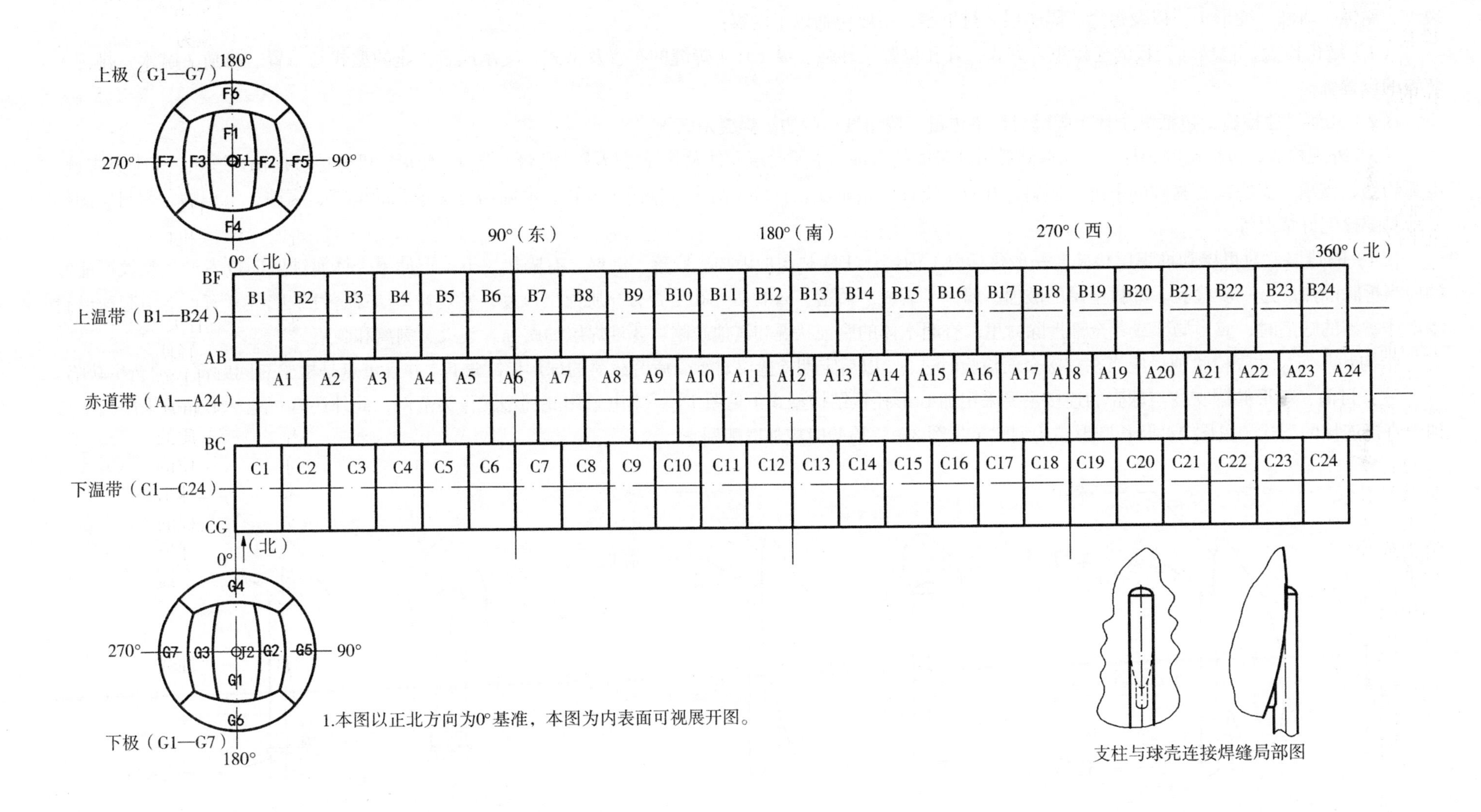

1.本图以正北方向为0°基准，本图为内表面可视展开图。

支柱与球壳连接焊缝局部图

宏观检验

宏观检验主要是采用目视方法（必要时利用内窥镜、放大镜或者其他辅助仪器设备、测量工具）检验球形储罐本体结构、几何尺寸、表面情况（如裂纹、腐蚀、泄漏、变形），以及焊缝、隔热层、衬里等，一般包括以下内容：

（1）结构检验，包括球壳板的连接组合方式、开孔位置及补强、纵（环）焊缝的布置及型式、支承或者支座的型式与布置、排放（疏水、排污）装置的设置等。

（2）几何尺寸检验，包括纵（环）焊缝对口错边量、棱角度、咬边、焊缝余高等。

（3）外观检验，包括铭牌和标志，球形储罐内外表面的腐蚀，主要受压元件及其焊缝裂纹、泄漏、鼓包、变形、机械接触损伤、过热，工卡具焊迹、电弧灼伤，支承、支座或者基础的下沉、倾斜、开裂，支柱的铅垂度，排放（疏水、排污）装置和泄漏信号指示孔的堵塞、腐蚀、沉积物，密封紧固件及地脚螺栓完好情况等。

（4）隔热层、衬里层和堆焊层检验，一般包括以下内容：①隔热层的破损、脱落、潮湿，有隔热层下球形储罐壳体腐蚀倾向或者产生裂纹可能性的应当拆除隔热层进一步检验。②衬里层的破损、腐蚀、裂纹、脱落，查看信号孔是否有介质流出痕迹；发现衬里层穿透性缺陷或者有可能引起球形储罐本体腐蚀的缺陷时，应当局部或者全部拆除衬里，查明本体的腐蚀状况和其他缺陷。③堆焊层的腐蚀、裂纹、剥离和脱落。

结构和几何尺寸等检验项目应当在首次全面检验时进行，以后定期检验仅对承受疲劳载荷的球形储罐进行，并且重点是检验有问题部位的新生缺陷。

注：目前，球形储罐支柱与球壳的连接主要采用加 U 形托板结构型式（见图 1），本书采用此种型式作为范例，此外还有一些球形储罐采用支柱与球壳直接连接的型式（见图 2）及长圆形结构型式（见图 3），检验时应加以甄别。

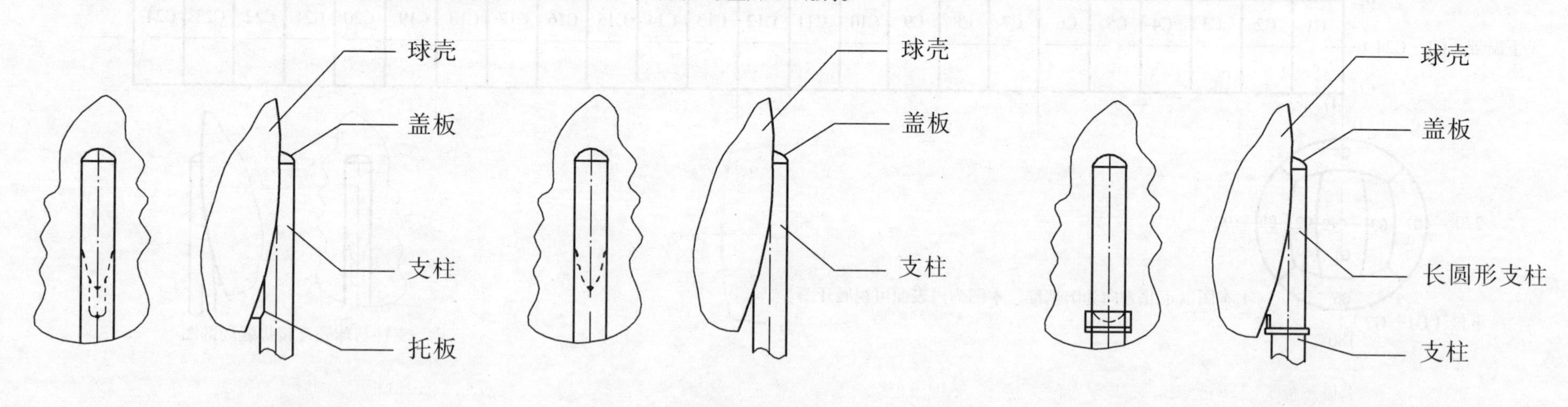

图 1　加 U 形托板结构型式　　图 2　直接连接结构型式　　图 3　长圆形结构型式

三、5000m³混合式五带球罐壁厚测定球壳板测厚图

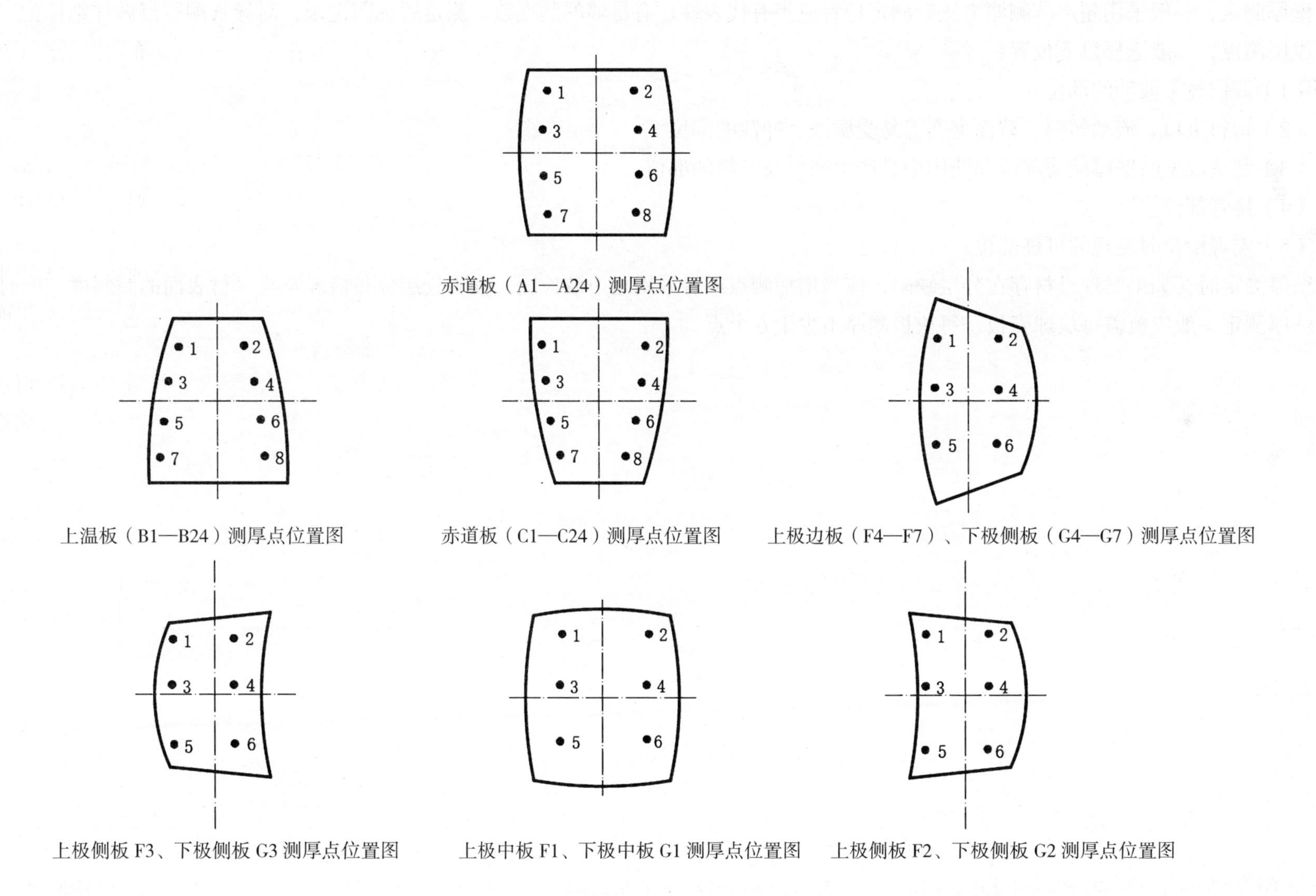

赤道板（A1—A24）测厚点位置图

上温板（B1—B24）测厚点位置图　　赤道板（C1—C24）测厚点位置图　　上极边板（F4—F7）、下极侧板（G4—G7）测厚点位置图

上极侧板 F3、下极侧板 G3 测厚点位置图　　上极中板 F1、下极中板 G1 测厚点位置图　　上极侧板 F2、下极侧板 G2 测厚点位置图

壁厚测定

壁厚测定，一般采用超声波测厚方法。测定位置应当有代表性，有足够的测点数。测定后标图记录，对异常测厚点做详细标记。

厚度测点，一般选择以下位置：

（1）液位经常波动的部位。

（2）物料进口、流动转向、截面突变等易受腐蚀、冲蚀的部位。

（3）制造成型时壁厚减薄部位和使用中易产生变形及磨损的部位。

（4）接管部位。

（5）宏观检验时发现的可疑部位。

壁厚测定时，如果发现母材存在分层缺陷，应当增加测点或者采用超声波检测，查明分层分布情况及与母材表面的倾斜度，同时做图记录。

壁厚测定一般应覆盖每块球壳板，每块板测厚不少于 6 个点。

四、5000m³混合式五带球罐无损检测附图

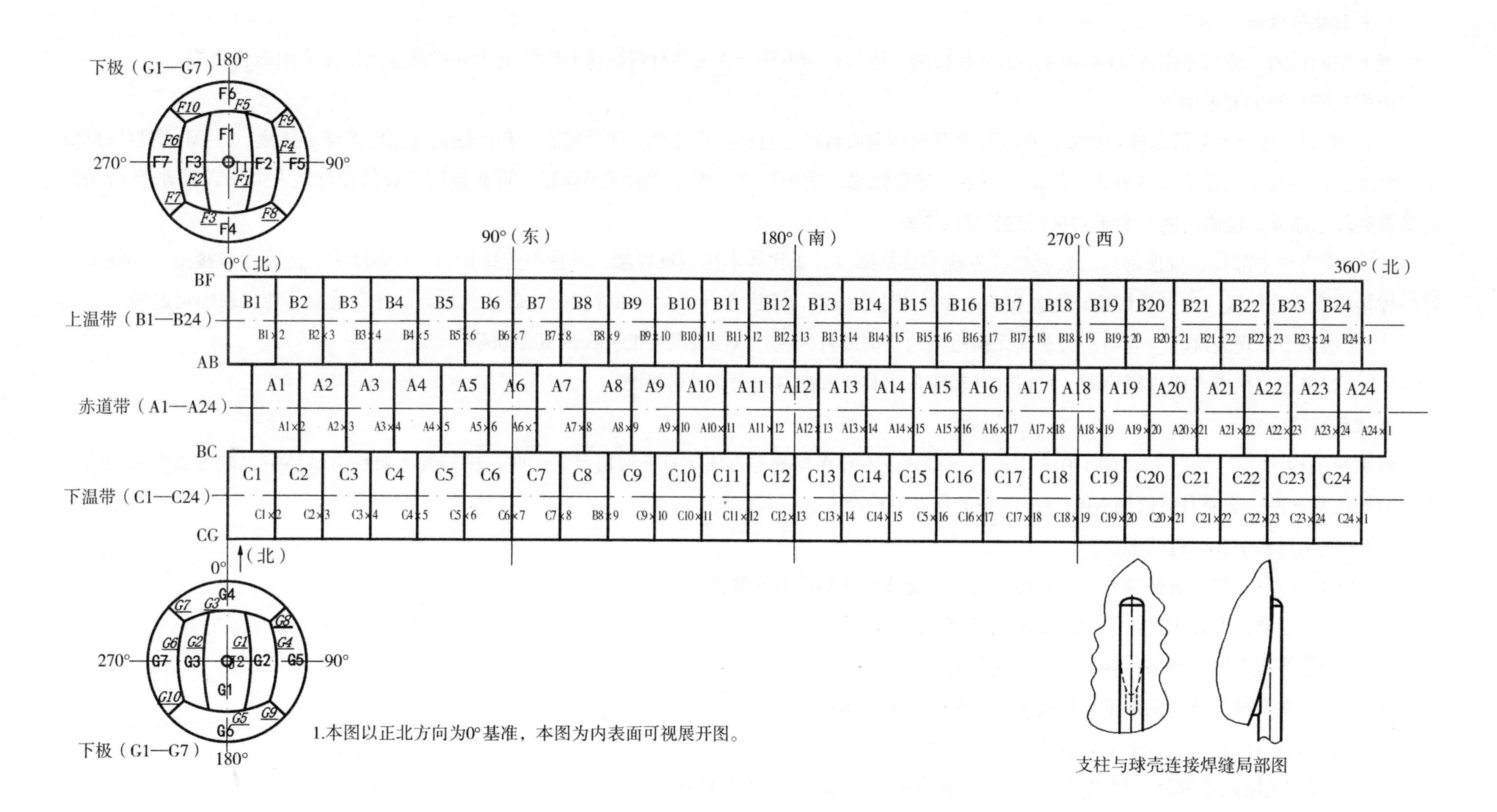

支柱与球壳连接焊缝局部图

1. 表面缺陷检测

表面缺陷检测，应当采用 NB/T 47013 中的磁粉检测、渗透检测方法。铁磁性材料制球形储罐的表面检测应当优先采用磁粉检测。

表面缺陷检测的要求如下：

（1）碳钢低合金钢制低温球形储罐、存在环境开裂倾向或者产生机械损伤现象的球形储罐、有再热裂纹倾向的球形储罐、Cr-Mo 钢制球形储罐、标准抗拉强度下限值大于 540 MPa 的低合金钢制球形储罐、按照疲劳分析设计的球形储罐、首次定期检验的设计压力大于或者等于 1.6 MPa 的第Ⅲ类球形储罐，检测长度不少于对接焊缝长度的 20%。

（2）应力集中部位、变形部位、宏观检验发现裂纹的部位，奥氏体不锈钢堆焊层，异种钢焊接接头、T 形接头、接管角接接头、其他有怀疑的焊接接头，补焊区、工卡具焊迹、电弧损伤处和易产生裂纹部位应当重点检验；对焊接裂纹敏感的材料，注意检验可能出现的延迟裂纹。

（3）检测中发现裂纹时，应当扩大表面无损检测的比例或者区域，以便发现可能存在的其他缺陷。

（4）如果无法在内表面进行检测，可以在外表面采用其他方法对内表面进行检测。

2. 埋藏缺陷检测

埋藏缺陷检测，应当采用 NB/T 47013 中的射线检测或者超声检测等方法。有下列情况之一时，由检验人员根据具体情况确定抽查采用的无损检测方法及比例，必要时可以用 NB/T 47013 中的声发射检测方法判断缺陷的活动性：

（1）使用过程中补焊过的部位。

（2）检验时发现焊缝表面裂纹，认为需要进行焊缝埋藏缺陷检测的部位。

（3）错边量和棱角度超过产品标准要求的焊缝部位。

（4）使用中出现焊接接头泄漏的部位及其两端延长部位。

（5）承受交变载荷球形储罐的焊接接头和其他应力集中部位。

（6）使用单位要求或者检验人员认为有必要的部位。

已进行过埋藏缺陷检测的，使用过程中如果无异常情况，可以不再进行检测。

五、5000m³混合式五带球罐硬度检测附图

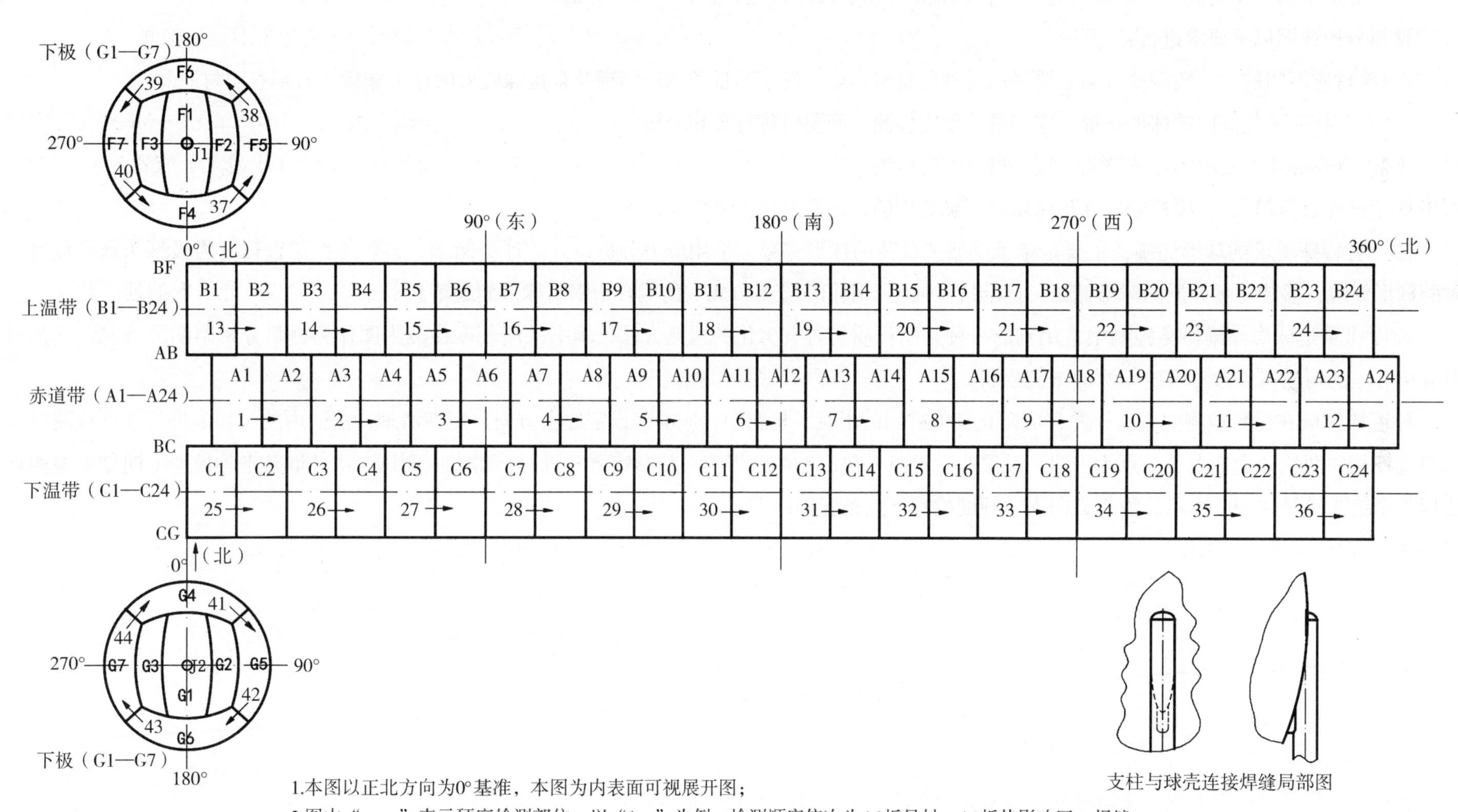

1.本图以正北方向为0°基准，本图为内表面可视展开图；

2.图中“×→”表示硬度检测部位，以“1→”为例，检测顺序依次为A1板母材—A1板热影响区—焊缝—A2板热影响区—A2板母材，表述方式分别为HB1-1、HB1-2、HB1-3、HB1-4、HB1-5（若硬度单位为HB）。

材料分析

材料分析根据具体情况，可以采用化学分析、光谱分析、硬度检测、金相分析等方法。

材料分析按照以下要求进行：

（1）材质不明的，一般需要查明主要受压元件的材料种类；对于第Ⅲ类球形储罐及有特殊要求的球形储罐，必须查明材质。

（2）有材质劣化倾向的球形储罐，应当进行硬度检测，必要时进行金相分析。

（3）有焊缝硬度要求的球形储罐，应当进行硬度检测。

对于已经进行第（1）项检验，并且已做出明确处理的，不需要再重复检验该项。

注：有特殊要求的球形储罐，主要是指承受疲劳载荷的球形储罐，采用应力分析设计的球形储罐，盛装毒性危害程度为极度、高度危害介质的球形储罐，盛装易爆介质的球形储罐，标准抗拉强度下限值大于540 MPa的低合金钢制球形储罐等。

硬度检测是球形储罐检验检测中常用到的一种判断材质是否有劣化的检测方法，本书采用硬度检测附图作为材料分析附图的范例，其他材料分析方法的附图可以参考硬度检测的图例绘制。

硬度检测应在磁粉检测前进行，并且应防止其他磁场的干扰。检测中，应准确设定冲击方向，定期清理冲击体内的污物。进行硬度检测时，一般选择相邻两块球壳板上5个点为一组，顺序为：母材—热影响区—焊缝—热影响区—母材，每点应测试3次并取其平均值。一组硬度检测点使用一个箭头符号“→”表示，箭头方向表示硬度检测测点布置顺序。

第十一部分　200m³ 桔瓣式三带球罐

一、200m³ 桔瓣式三带球罐示意图

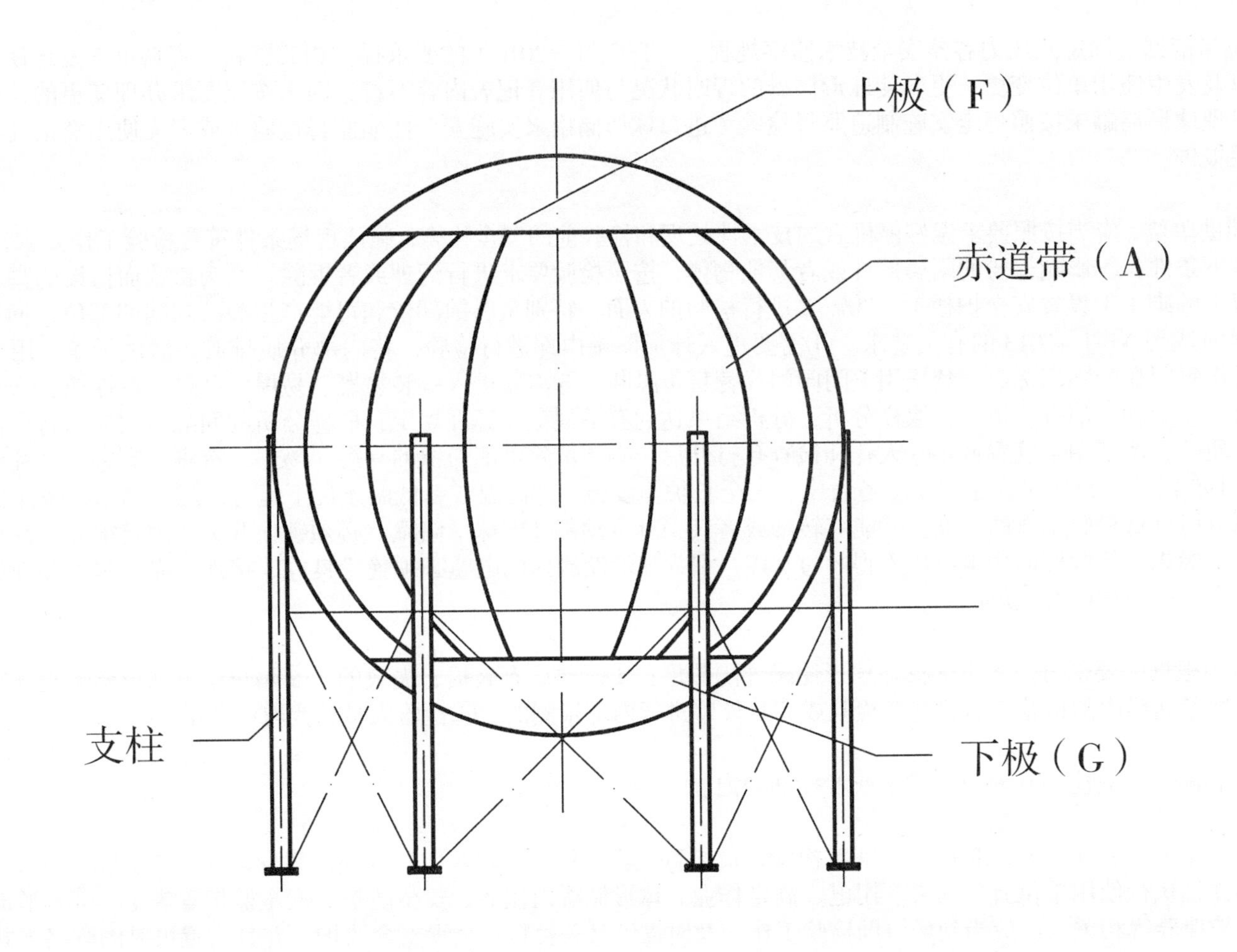

定期检验前的准备工作

1. 检验方案制订

检验前，检验机构应当根据球形储罐的使用情况、损伤模式及失效模式，依据《固定式压力容器安全技术监察规程》（TSG 21—2016）的要求制订检验方案，检验方案由检验机构技术负责人审查批准。球形储罐定期检验项目，以宏观检验、壁厚测定、表面缺陷检测、安全附件检验为主，必要时增加埋藏缺陷检测、材料分析、密封紧固件检验、强度校核、耐压试验、泄露试验等。对于有特殊情况的球形储罐的检验方案，检验机构应当征求使用单位的意见。

检验人员应当严格按照批准的检验方案进行检验工作。

2. 资料审查

检验前，使用单位应当依据《固定式压力容器安全技术监察规程》（TSG 21—2016）的要求提供相关资料。资料审查发现使用单位未按照要求对球形储罐进行年度检查，以及发生使用单位变更、更名使球形储罐的现时状况与使用登记表内容不符，而未按照要求办理变更的，检验机构应当向使用登记机关报告。资料审查发现球形储罐未按照规定实施制造监督检验（进口球形储罐未实施安全性能监督检验）或者无使用登记证，检验机构应当停止检验，并且向使用登记机关报告。

3. 现场条件要求

使用单位和相关的辅助单位，应当按照要求做好停机后的技术性处理和检验前的安全检查，确认现场条件符合检验工作要求，做好有关的准备工作。检验前，现场至少具备以下条件：①影响检验的附属部件或者其他物体，按照检验要求进行清理或者拆除。②为检验而搭设的脚手架、轻便梯等设施安全牢固（对离地面 2 m 以上的脚手架设置安全护栏）。③需要进行检验的表面，特别是腐蚀部位和可能产生裂纹缺陷的部位，彻底清理干净，露出金属本体；进行无损检测的表面达到 NB/T 47013 的有关要求。④需要进入球形储罐内部进行检验，将内部介质排放、清理干净，用盲板隔断所有液体、气体或者蒸气的来源，同时设置明显的隔离标志，禁止用关闭阀门代替盲板隔断。⑤需要进入盛装易燃、易爆、助燃、毒性或者窒息性介质的球形储罐内部进行检验，必须进行置换、中和、消毒、清洗，取样分析，分析结果达到有关规范、标准规定；取样分析的间隔时间应当符合使用单位的有关规定；盛装易燃、易爆、助燃介质的，严禁用空气置换。⑥人孔和检查孔打开后，必须清除可能滞留的易燃、易爆、有毒、有害气体和液体，球形储罐内部空间的气体含氧量保持在 0.195 以上；必要时，还需要配备通风、安全救护等设施。⑦高温或者低温条件下运行的球形储罐，按照操作规程的要求缓慢地降温或者升温，使之达到可以进行检验工作的程度。⑧能够转动或者其中有可动部件的球形储罐，必须锁住开关，固定牢靠。⑨切断与球形储罐有关的电源，设置明显的安全警示标志；检验照明用电电压不得超过 24V，引入球形储罐内的电缆必须绝缘良好、接地可靠。⑩需要现场进行射线检测时，隔离出透照区，设置警示标志，遵守相应安全规定。

4. 隔热层拆除

存在以下情况时，应当根据需要部分或者全部拆除球形储罐外隔热层：①隔热层有破损、失效的。②隔热层下球形储罐壳体存在腐蚀或者外表面开裂可能性的。③无法进行球形储罐内部检验，需要外壁检验或者从外壁进行内部检测的。④检验人员认为有必要的。

5. 设备仪器检定校准

检验用的设备、仪器和测量工具应当在有效的检定或者校准期内。

6. 检验工作安全要求

进行检验时应当注意以下安全：①检验机构应当定期对检验人员进行检验工作安全教育，并且保存教育记录。②检验人员确认现场条件符合检验工作要求后方可进行检验，并且执行使用单位有关动火、用电、高空作业、球形储罐内作业、安全防护、安全监护等规定。③检验时，使用单位球形储罐安全管理人员、作业和维护保养等相关人员应当到场协助检验工作，及时提供有关资料，负责安全监护，并且设置可靠的联络方式。

二、200m³桔瓣式三带球罐展开图

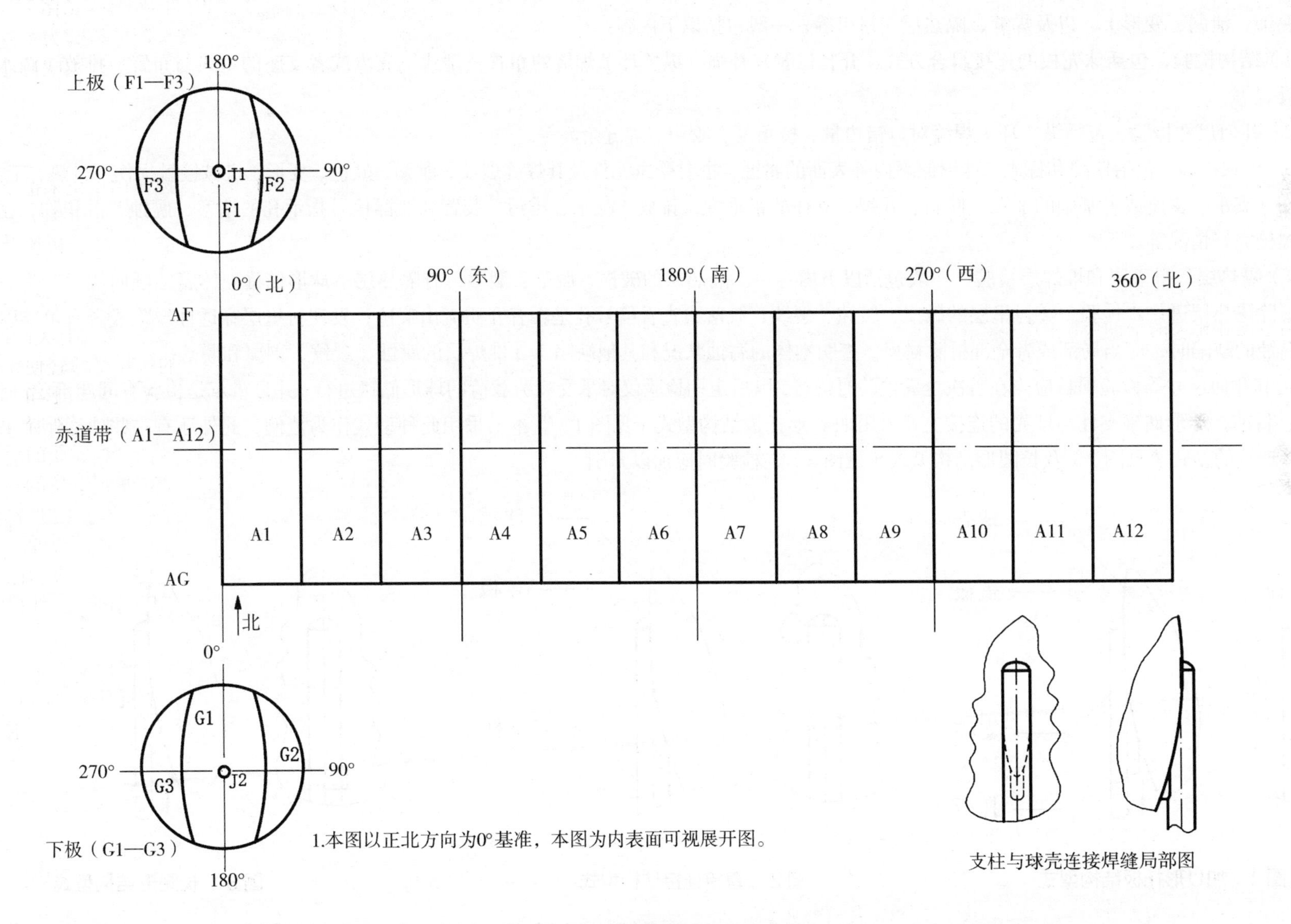

支柱与球壳连接焊缝局部图

宏观检验

宏观检验主要是采用目视方法（必要时利用内窥镜、放大镜或者其他辅助仪器设备、测量工具）检验球形储罐本体结构、几何尺寸、表面情况（如裂纹、腐蚀、泄漏、变形），以及焊缝、隔热层、衬里等，一般包括以下内容：

（1）结构检验，包括球壳板的连接组合方式、开孔位置及补强、纵（环）焊缝的布置及型式、支承或者支座的型式与布置、排放（疏水、排污）装置的设置等。

（2）几何尺寸检验，包括纵（环）焊缝对口错边量、棱角度、咬边、焊缝余高等。

（3）外观检验，包括铭牌和标志，球形储罐内外表面的腐蚀，主要受压元件及其焊缝裂纹、泄漏、鼓包、变形、机械接触损伤、过热，工卡具焊迹、电弧灼伤，支承、支座或者基础的下沉、倾斜、开裂，支柱的铅垂度，排放（疏水、排污）装置和泄漏信号指示孔的堵塞、腐蚀、沉积物，密封紧固件及地脚螺栓完好情况等。

（4）隔热层、衬里层和堆焊层检验，一般包括以下内容：①隔热层的破损、脱落、潮湿，有隔热层下球形储罐壳体腐蚀倾向或者产生裂纹可能性的应当拆除隔热层进一步检验。②衬里层的破损、腐蚀、裂纹、脱落，查看信号孔是否有介质流出痕迹；发现衬里层穿透性缺陷或者有可能引起球形储罐本体腐蚀的缺陷时，应当局部或者全部拆除衬里，查明本体的腐蚀状况和其他缺陷。③堆焊层的腐蚀、裂纹、剥离和脱落。

结构和几何尺寸等检验项目应当在首次全面检验时进行，以后定期检验仅对承受疲劳载荷的球形储罐进行，并且重点是检验有问题部位的新生缺陷。

注：目前，球形储罐支柱与球壳的连接主要采用加 U 形托板结构型式（见图 1），本书采用此种型式作为范例，此外还有一些球形储罐采用支柱与球壳直接连接的型式（见图 2）及长圆形结构型式（见图 3），检验时应加以甄别。

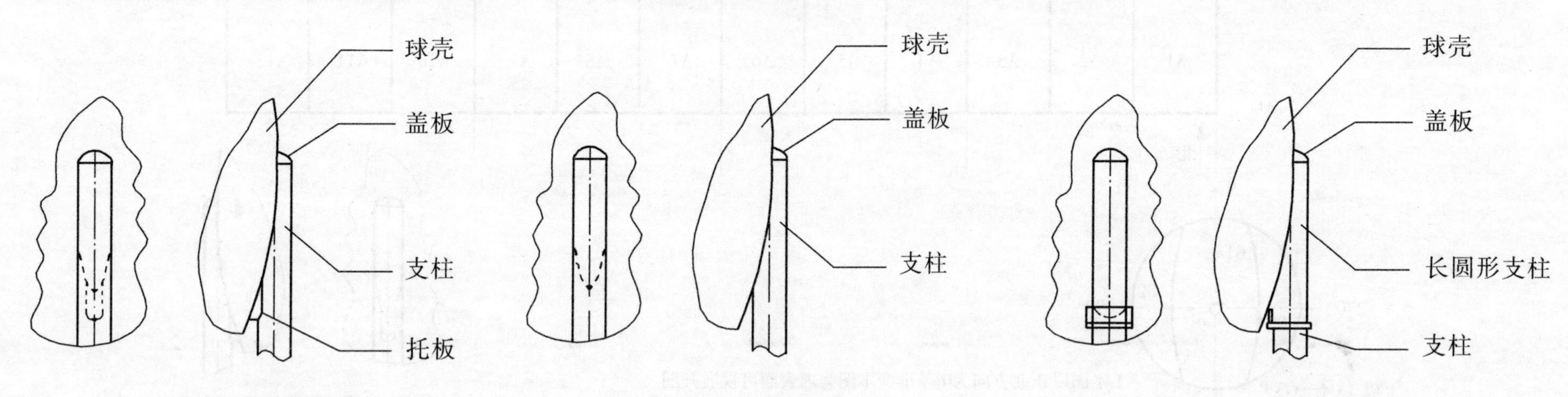

图 1　加 U 形托板结构型式　　图 2　直接连接结构型式　　图 3　长圆形结构型式

三、200m³ 桔瓣式三带球罐壁厚测定球壳板测厚图

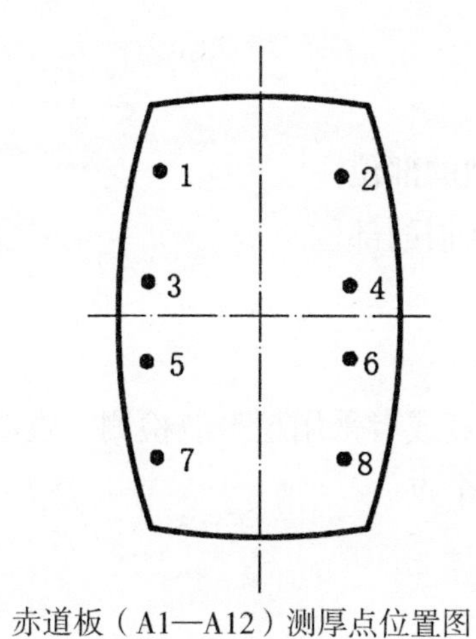

赤道板（A1—A12）测厚点位置图

上极侧板 F3、下极侧板 G3 测厚点位置图

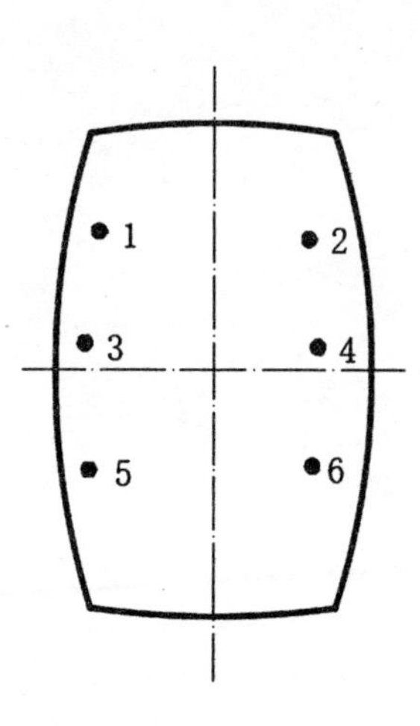

上极中板 F1、下极中板 G1 测厚点位置图

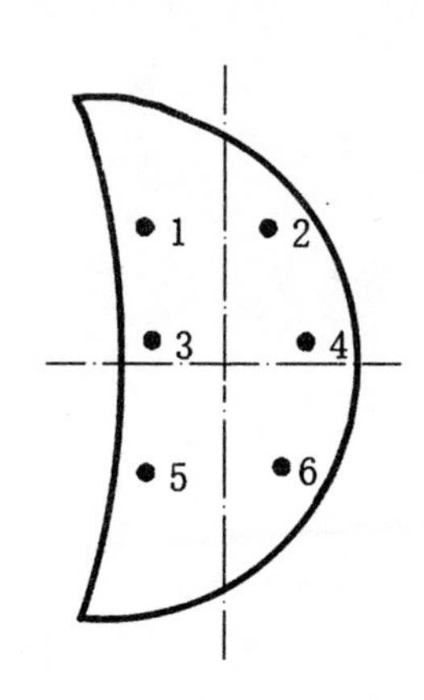

上极侧板 F2、下极侧板 G2 测厚点位置图

壁厚测定

壁厚测定，一般采用超声波测厚方法。测定位置应当有代表性，有足够的测点数。测定后标图记录，对异常测厚点做详细标记。

厚度测点，一般选择以下位置：

（1）液位经常波动的部位。

（2）物料进口、流动转向、截面突变等易受腐蚀、冲蚀的部位。

（3）制造成型时壁厚减薄部位和使用中易产生变形及磨损的部位。

（4）接管部位。

（5）宏观检验时发现的可疑部位。

壁厚测定时，如果发现母材存在分层缺陷，应当增加测点或者采用超声波检测，查明分层分布情况及与母材表面的倾斜度，同时做图记录。

壁厚测定一般应覆盖每块球壳板，每块板测厚不少于6个点。

四、200m³桔瓣式三带球罐无损检测附图

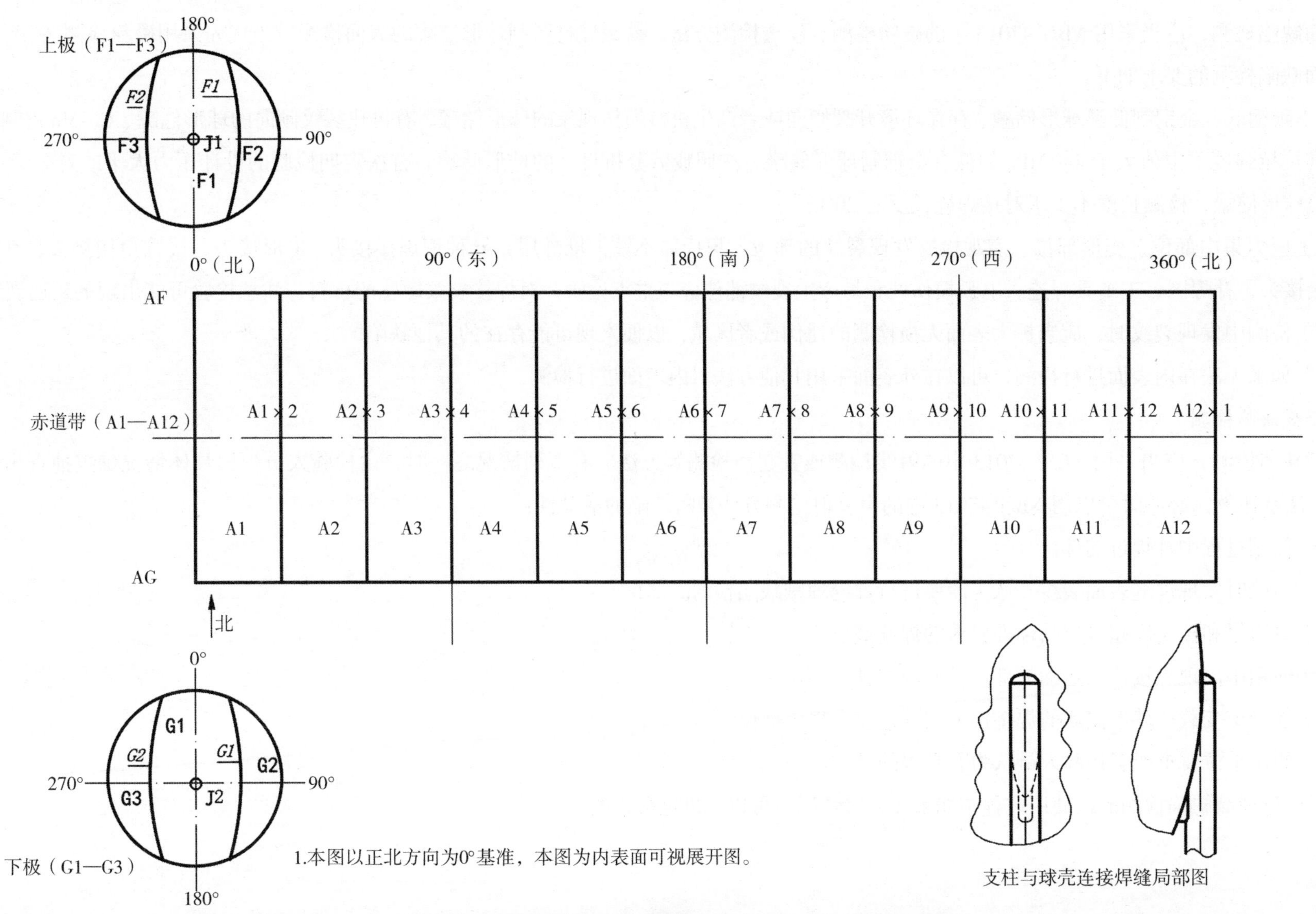

1.本图以正北方向为0°基准，本图为内表面可视展开图。

支柱与球壳连接焊缝局部图

无损检测

1. 表面缺陷检测

表面缺陷检测，应当采用 NB/T 47013 中的磁粉检测、渗透检测方法。铁磁性材料制球形储罐的表面检测应当优先采用磁粉检测。

表面缺陷检测的要求如下：

（1）碳钢低合金钢制低温球形储罐、存在环境开裂倾向或者产生机械损伤现象的球形储罐、有再热裂纹倾向的球形储罐、Cr–Mo 钢制球形储罐、标准抗拉强度下限值大于 540 MPa 的低合金钢制球形储罐、按照疲劳分析设计的球形储罐、首次定期检验的设计压力大于或者等于 1.6 MPa 的第Ⅲ类球形储罐，检测长度不少于对接焊缝长度的 20%。

（2）应力集中部位、变形部位、宏观检验发现裂纹的部位，奥氏体不锈钢堆焊层，异种钢焊接接头、T 形接头、接管角接接头、其他有怀疑的焊接接头，补焊区、工卡具焊迹、电弧损伤处和易产生裂纹部位应当重点检验；对焊接裂纹敏感的材料，注意检验可能出现的延迟裂纹。

（3）检测中发现裂纹时，应当扩大表面无损检测的比例或者区域，以便发现可能存在的其他缺陷。

（4）如果无法在内表面进行检测，可以在外表面采用其他方法对内表面进行检测。

2. 埋藏缺陷检测

埋藏缺陷检测，应当采用 NB/T 47013 中的射线检测或者超声检测等方法。有下列情况之一时，由检验人员根据具体情况确定抽查采用的无损检测方法及比例，必要时可以用 NB/T 47013 中的声发射检测方法判断缺陷的活动性：

（1）使用过程中补焊过的部位。

（2）检验时发现焊缝表面裂纹，认为需要进行焊缝埋藏缺陷检测的部位。

（3）错边量和棱角度超过产品标准要求的焊缝部位。

（4）使用中出现焊接接头泄漏的部位及其两端延长部位。

（5）承受交变载荷球形储罐的焊接接头和其他应力集中部位。

（6）使用单位要求或者检验人员认为有必要的部位。

已进行过埋藏缺陷检测的，使用过程中如果无异常情况，可以不再进行检测。

五、200m³桔瓣式三带球罐硬度检测附图

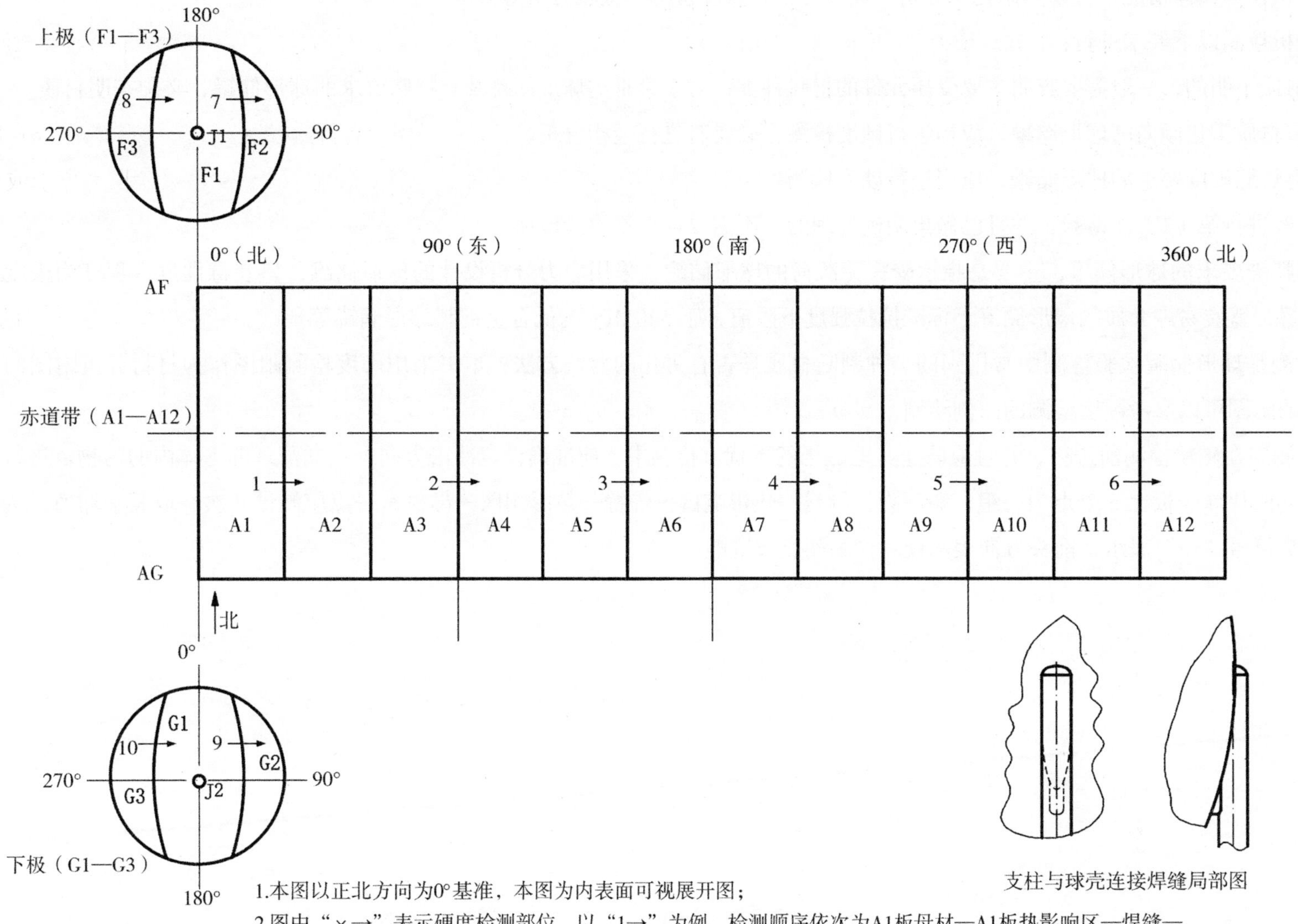

支柱与球壳连接焊缝局部图

1.本图以正北方向为0°基准，本图为内表面可视展开图；

2.图中“×→”表示硬度检测部位，以“1→”为例，检测顺序依次为A1板母材—A1板热影响区—焊缝—A2板热影响区—A2板母材，表述方式分别为HB1-1、HB1-2、HB1-3、HB1-4、HB1-5（若硬度单位为HB）。

材料分析

材料分析根据具体情况，可以采用化学分析、光谱分析、硬度检测、金相分析等方法。

材料分析按照以下要求进行：

（1）材质不明的，一般需要查明主要受压元件的材料种类；对于第Ⅲ类球形储罐及有特殊要求的球形储罐，必须查明材质。

（2）有材质劣化倾向的球形储罐，应当进行硬度检测，必要时进行金相分析。

（3）有焊缝硬度要求的球形储罐，应当进行硬度检测。

对于已经进行第（1）项检验，并且已做出明确处理的，不需要再重复检验该项。

注：有特殊要求的球形储罐，主要是指承受疲劳载荷的球形储罐，采用应力分析设计的球形储罐，盛装毒性危害程度为极度、高度危害介质的球形储罐，盛装易爆介质的球形储罐，标准抗拉强度下限值大于 540 MPa 的低合金钢制球形储罐等。

硬度检测是球形储罐检验检测中常用到的一种判断材质是否有劣化的检测方法，本书采用硬度检测附图作为材料分析附图的范例，其他材料分析方法的附图可以参考硬度检测的图例绘制。

硬度检测应在磁粉检测前进行，并且应防止其他磁场的干扰。检测中，应准确设定冲击方向，定期清理冲击体内的污物。进行硬度检测时，一般选择相邻两块球壳板上 5 个点为一组，顺序为：母材—热影响区—焊缝—热影响区—母材，每点应测试 3 次并取其平均值。一组硬度检测点使用一个箭头符号“→”表示，箭头方向表示硬度检测测点布置顺序。

第十二部分　400m³ 桔瓣式三带球罐

一、400m³ 桔瓣式三带球罐示意图

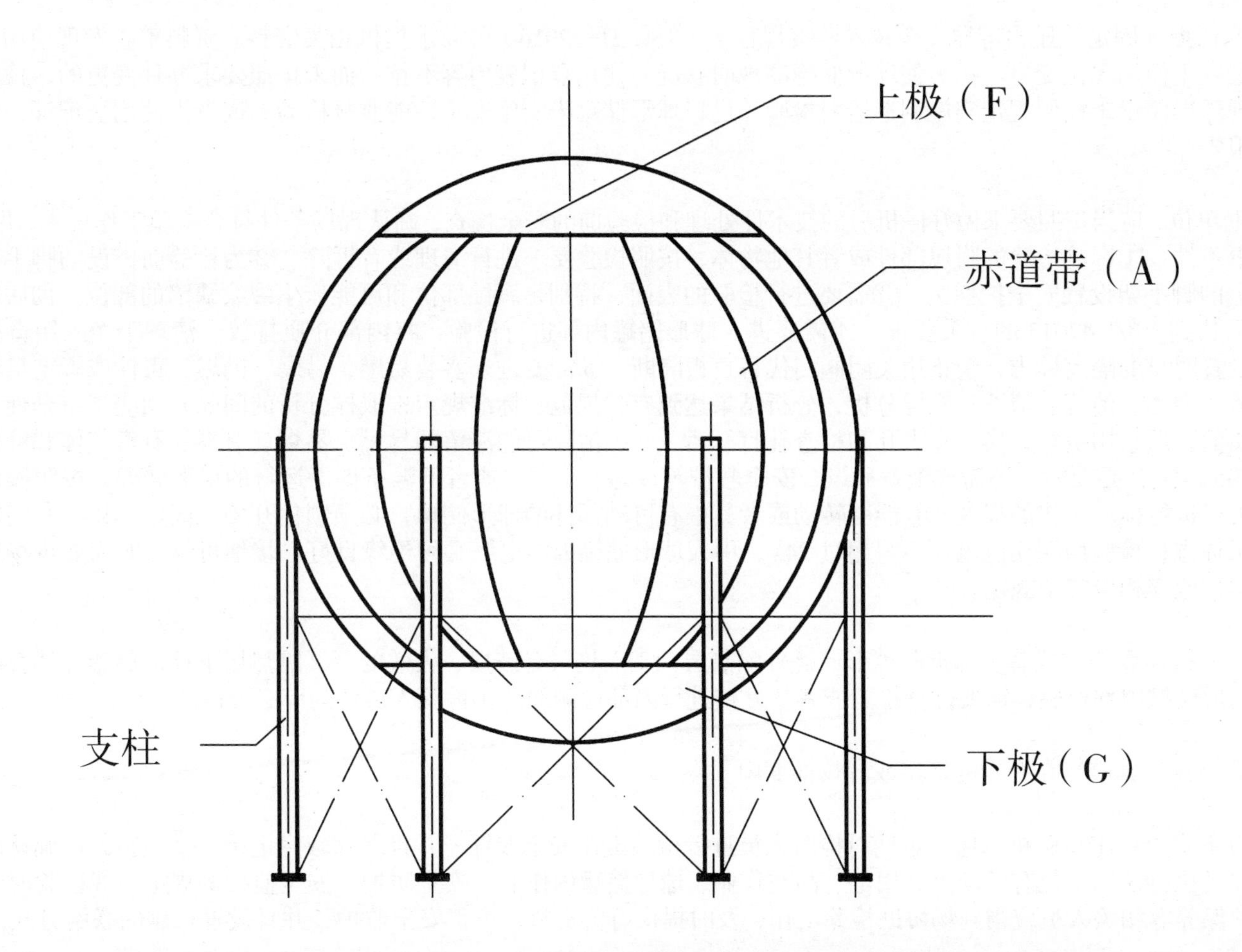

定期检验前的准备工作

1. 检验方案制订

检验前，检验机构应当根据球形储罐的使用情况、损伤模式及失效模式，依据《固定式压力容器安全技术监察规程》（TSG 21—2016）的要求制订检验方案，检验方案由检验机构技术负责人审查批准。球形储罐定期检验项目，以宏观检验、壁厚测定、表面缺陷检测、安全附件检验为主，必要时增加埋藏缺陷检测、材料分析、密封紧固件检验、强度校核、耐压试验、泄露试验等。对于有特殊情况的球形储罐的检验方案，检验机构应当征求使用单位的意见。

检验人员应当严格按照批准的检验方案进行检验工作。

2. 资料审查

检验前，使用单位应当依据《固定式压力容器安全技术监察规程》（TSG 21—2016）的要求提供相关资料。资料审查发现使用单位未按照要求对球形储罐进行年度检查，以及发生使用单位变更、更名使球形储罐的现时状况与使用登记表内容不符，而未按照要求办理变更的，检验机构应当向使用登记机关报告。资料审查发现球形储罐未按照规定实施制造监督检验（进口球形储罐未实施安全性能监督检验）或者无使用登记证，检验机构应当停止检验，并且向使用登记机关报告。

3. 现场条件要求

使用单位和相关的辅助单位，应当按照要求做好停机后的技术性处理和检验前的安全检查，确认现场条件符合检验工作要求，做好有关的准备工作。检验前，现场至少具备以下条件：①影响检验的附属部件或者其他物体，按照检验要求进行清理或者拆除。②为检验而搭设的脚手架、轻便梯等设施安全牢固（对离地面 2 m 以上的脚手架设置安全护栏）。③需要进行检验的表面，特别是腐蚀部位和可能产生裂纹缺陷的部位，彻底清理干净，露出金属本体；进行无损检测的表面达到 NB/T 47013 的有关要求。④需要进入球形储罐内部进行检验，将内部介质排放、清理干净，用盲板隔断所有液体、气体或者蒸气的来源，同时设置明显的隔离标志，禁止用关闭阀门代替盲板隔断。⑤需要进入盛装易燃、易爆、助燃、毒性或者窒息性介质的球形储罐内部进行检验，必须进行置换、中和、消毒、清洗，取样分析，分析结果达到有关规范、标准规定；取样分析的间隔时间应当符合使用单位的有关规定；盛装易燃、易爆、助燃介质的，严禁用空气置换。⑥人孔和检查孔打开后，必须清除可能滞留的易燃、易爆、有毒、有害气体和液体，球形储罐内部空间的气体含氧量保持在 0.195 以上；必要时，还需要配备通风、安全救护等设施。⑦高温或者低温条件下运行的球形储罐，按照操作规程的要求缓慢地降温或者升温，使之达到可以进行检验工作的程度。⑧能够转动或者其中有可动部件的球形储罐，必须锁住开关，固定牢靠。⑨切断与球形储罐有关的电源，设置明显的安全警示标志；检验照明用电电压不得超过 24V，引入球形储罐内的电缆必须绝缘良好、接地可靠。⑩需要现场进行射线检测时，隔离出透照区，设置警示标志，遵守相应安全规定。

4. 隔热层拆除

存在以下情况时，应当根据需要部分或者全部拆除球形储罐外隔热层：①隔热层有破损、失效的。②隔热层下球形储罐壳体存在腐蚀或者外表面开裂可能性的。③无法进行球形储罐内部检验，需要外壁检验或者从外壁进行内部检测的。④检验人员认为有必要的。

5. 设备仪器检定校准

检验用的设备、仪器和测量工具应当在有效的检定或者校准期内。

6. 检验工作安全要求

进行检验时应当注意以下安全：①检验机构应当定期对检验人员进行检验工作安全教育，并且保存教育记录。②检验人员确认现场条件符合检验工作要求后方可进行检验，并且执行使用单位有关动火、用电、高空作业、球形储罐内作业、安全防护、安全监护等规定。③检验时，使用单位球形储罐安全管理人员、作业和维护保养等相关人员应当到场协助检验工作，及时提供有关资料，负责安全监护，并且设置可靠的联络方式。

二、400m³桔瓣式三带球罐展开图

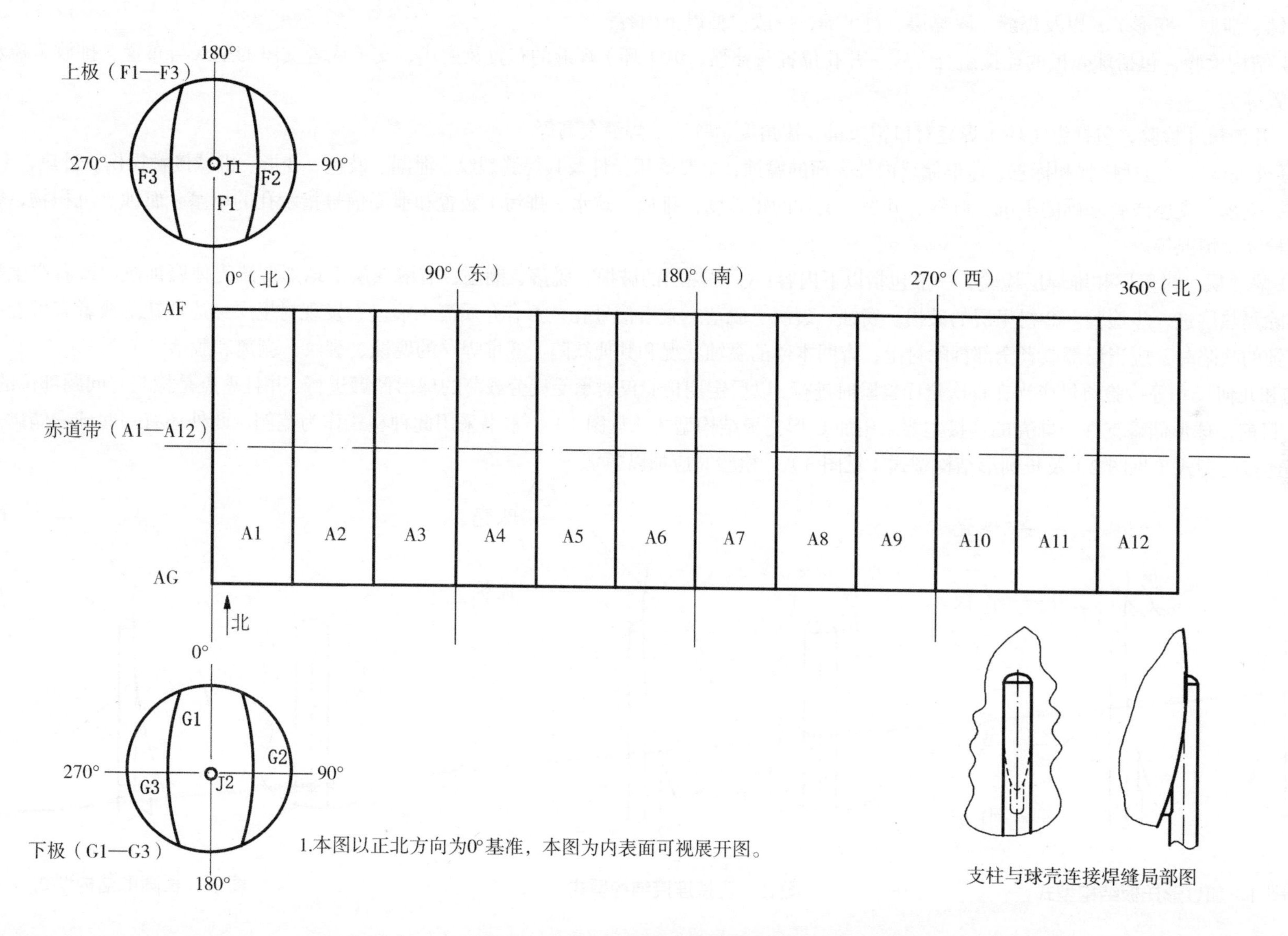

1.本图以正北方向为0°基准，本图为内表面可视展开图。

支柱与球壳连接焊缝局部图

宏观检验

宏观检验主要是采用目视方法（必要时利用内窥镜、放大镜或者其他辅助仪器设备、测量工具）检验球形储罐本体结构、几何尺寸、表面情况（如裂纹、腐蚀、泄漏、变形），以及焊缝、隔热层、衬里等，一般包括以下内容：

（1）结构检验，包括球壳板的连接组合方式、开孔位置及补强、纵（环）焊缝的布置及型式、支承或者支座的型式与布置、排放（疏水、排污）装置的设置等。

（2）几何尺寸检验，包括纵（环）焊缝对口错边量、棱角度、咬边、焊缝余高等。

（3）外观检验，包括铭牌和标志，球形储罐内外表面的腐蚀，主要受压元件及其焊缝裂纹、泄漏、鼓包、变形、机械接触损伤、过热，工卡具焊迹、电弧灼伤，支承、支座或者基础的下沉、倾斜、开裂，支柱的铅垂度，排放（疏水、排污）装置和泄漏信号指示孔的堵塞、腐蚀、沉积物，密封紧固件及地脚螺栓完好情况等。

（4）隔热层、衬里层和堆焊层检验，一般包括以下内容：①隔热层的破损、脱落、潮湿，有隔热层下球形储罐壳体腐蚀倾向或者产生裂纹可能性的应当拆除隔热层进一步检验。②衬里层的破损、腐蚀、裂纹、脱落，查看信号孔是否有介质流出痕迹；发现衬里层穿透性缺陷或者有可能引起球形储罐本体腐蚀的缺陷时，应当局部或者全部拆除衬里，查明本体的腐蚀状况和其他缺陷。③堆焊层的腐蚀、裂纹、剥离和脱落。

结构和几何尺寸等检验项目应当在首次全面检验时进行，以后定期检验仅对承受疲劳载荷的球形储罐进行，并且重点是检验有问题部位的新生缺陷。

注：目前，球形储罐支柱与球壳的连接主要采用加 U 形托板结构型式（见图 1），本书采用此种型式作为范例，此外还有一些球形储罐采用支柱与球壳直接连接的型式（见图 2）及长圆形结构型式（见图 3），检验时应加以甄别。

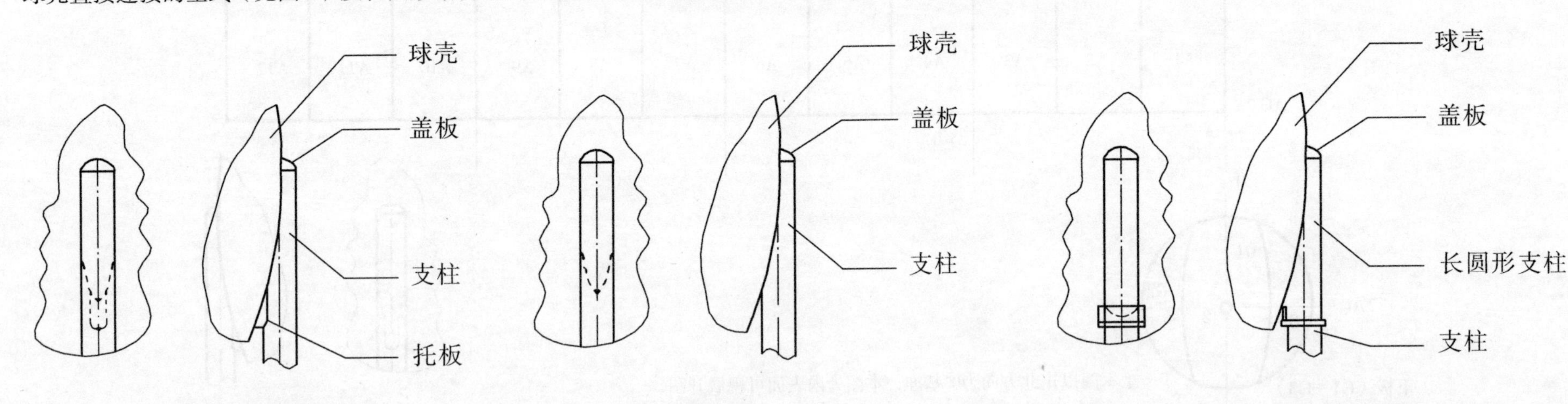

图 1　加 U 形托板结构型式　　图 2　直接连接结构型式　　图 3　长圆形结构型式

三、400m³桔瓣式三带球罐壁厚测定球壳板测厚图

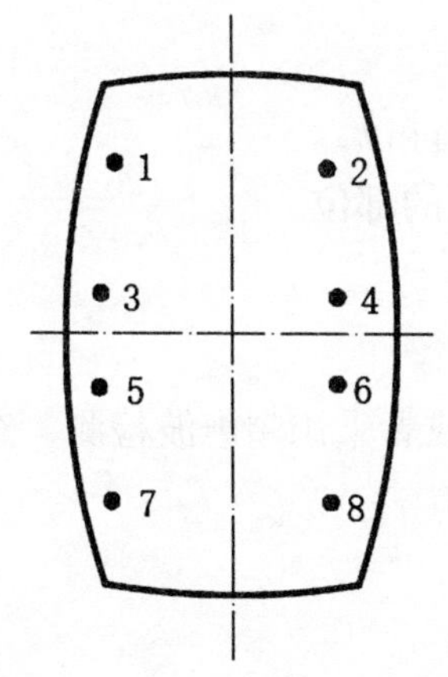

赤道板（A1—A12）测厚点位置图

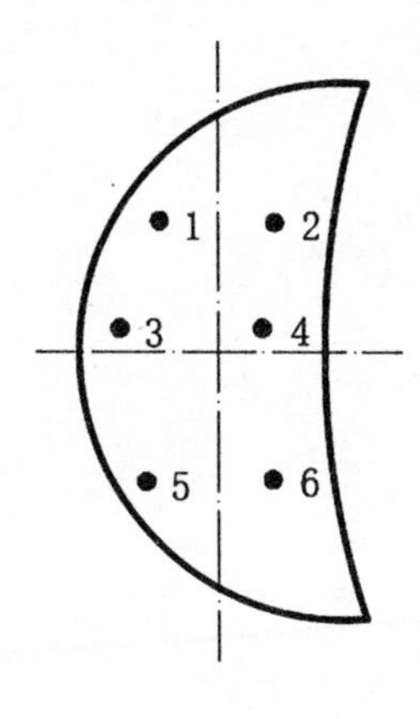

上极侧板 F3、下极侧板 G3 测厚点位置图

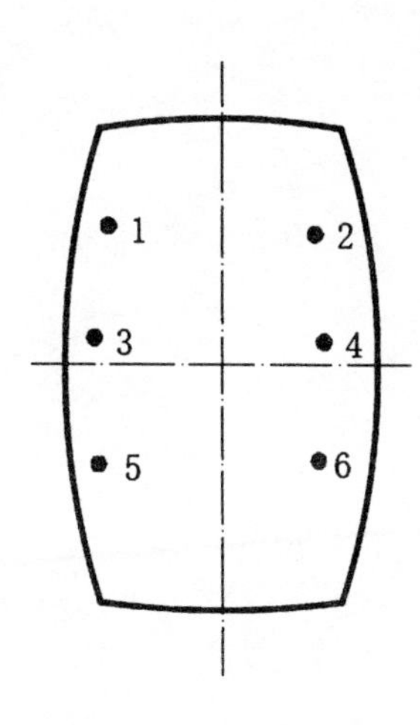

上极中板 F1、下极中板 G1 测厚点位置图

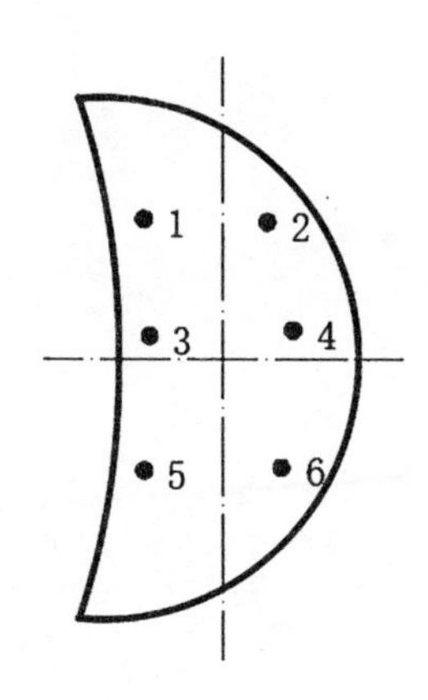

上极侧板 F2、下极侧板 G2 测厚点位置图

壁厚测定

壁厚测定，一般采用超声波测厚方法。测定位置应当有代表性，有足够的测点数。测定后标图记录，对异常测厚点做详细标记。

厚度测点，一般选择以下位置：

（1）液位经常波动的部位。

（2）物料进口、流动转向、截面突变等易受腐蚀、冲蚀的部位。

（3）制造成型时壁厚减薄部位和使用中易产生变形及磨损的部位。

（4）接管部位。

（5）宏观检验时发现的可疑部位。

壁厚测定时，如果发现母材存在分层缺陷，应当增加测点或者采用超声波检测，查明分层分布情况及与母材表面的倾斜度，同时做图记录。

壁厚测定一般应覆盖每块球壳板，每块板测厚不少于6个点。

四、400m³ 桔瓣式三带球罐无损检测附图

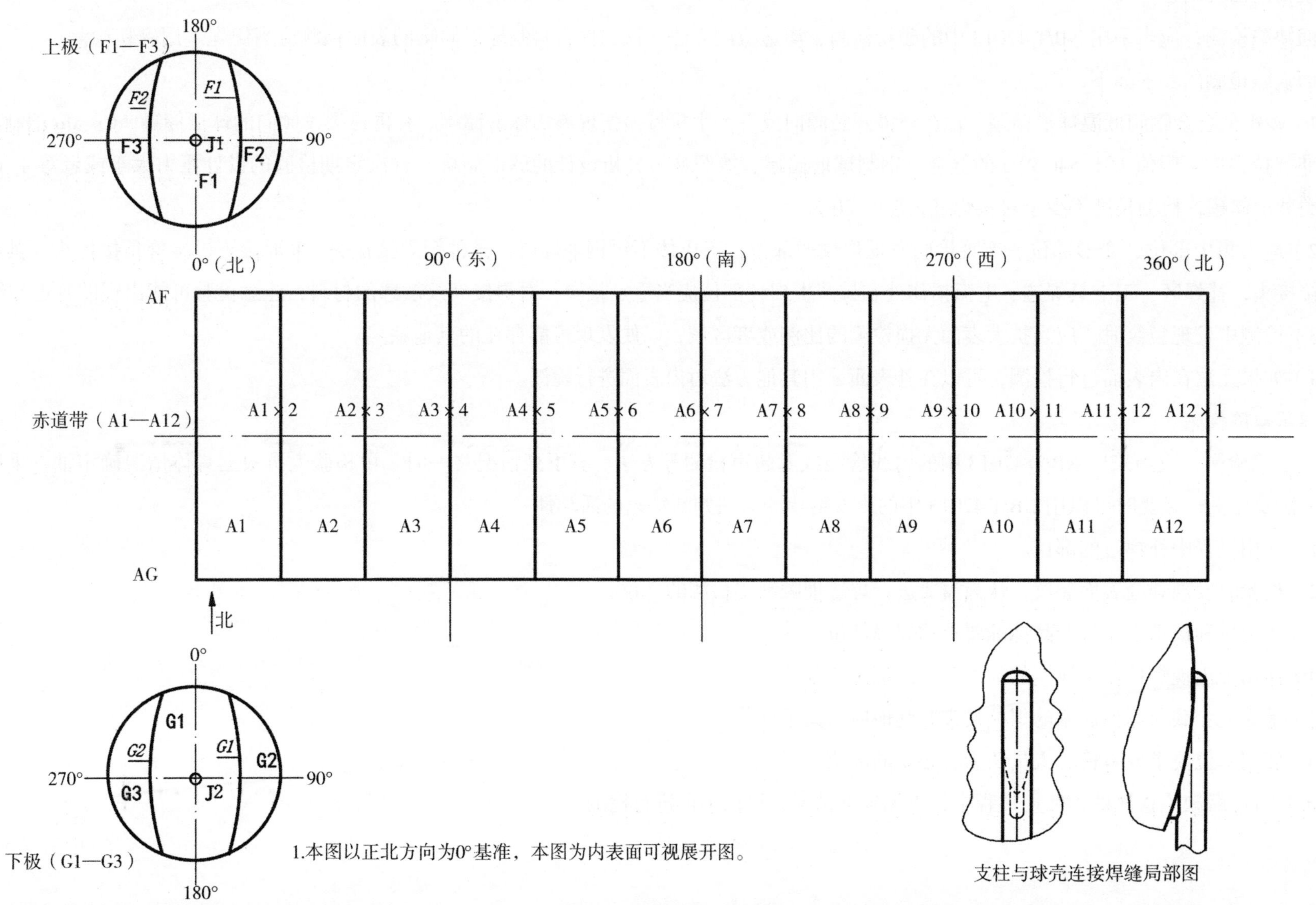

1.本图以正北方向为0°基准，本图为内表面可视展开图。

支柱与球壳连接焊缝局部图

无损检测

1. 表面缺陷检测

表面缺陷检测，应当采用 NB/T 47013 中的磁粉检测、渗透检测方法。铁磁性材料制球形储罐的表面检测应当优先采用磁粉检测。

表面缺陷检测的要求如下：

（1）碳钢低合金钢制低温球形储罐、存在环境开裂倾向或者产生机械损伤现象的球形储罐、有再热裂纹倾向的球形储罐、Cr–Mo 钢制球形储罐、标准抗拉强度下限值大于 540 MPa 的低合金钢制球形储罐、按照疲劳分析设计的球形储罐、首次定期检验的设计压力大于或者等于 1.6 MPa 的第Ⅲ类球形储罐，检测长度不少于对接焊缝长度的 20%。

（2）应力集中部位、变形部位、宏观检验发现裂纹的部位，奥氏体不锈钢堆焊层，异种钢焊接接头、T 形接头、接管角接接头、其他有怀疑的焊接接头，补焊区、工卡具焊迹、电弧损伤处和易产生裂纹部位应当重点检验；对焊接裂纹敏感的材料，注意检验可能出现的延迟裂纹。

（3）检测中发现裂纹时，应当扩大表面无损检测的比例或者区域，以便发现可能存在的其他缺陷。

（4）如果无法在内表面进行检测，可以在外表面采用其他方法对内表面进行检测。

2. 埋藏缺陷检测

埋藏缺陷检测，应当采用 NB/T 47013 中的射线检测或者超声检测等方法。有下列情况之一时，由检验人员根据具体情况确定抽查采用的无损检测方法及比例，必要时可以用 NB/T 47013 中的声发射检测方法判断缺陷的活动性：

（1）使用过程中补焊过的部位。

（2）检验时发现焊缝表面裂纹，认为需要进行焊缝埋藏缺陷检测的部位。

（3）错边量和棱角度超过产品标准要求的焊缝部位。

（4）使用中出现焊接接头泄漏的部位及其两端延长部位。

（5）承受交变载荷球形储罐的焊接接头和其他应力集中部位。

（6）使用单位要求或者检验人员认为有必要的部位。

已进行过埋藏缺陷检测的，使用过程中如果无异常情况，可以不再进行检测。

五、400m³桔瓣式三带球罐硬度检测附图

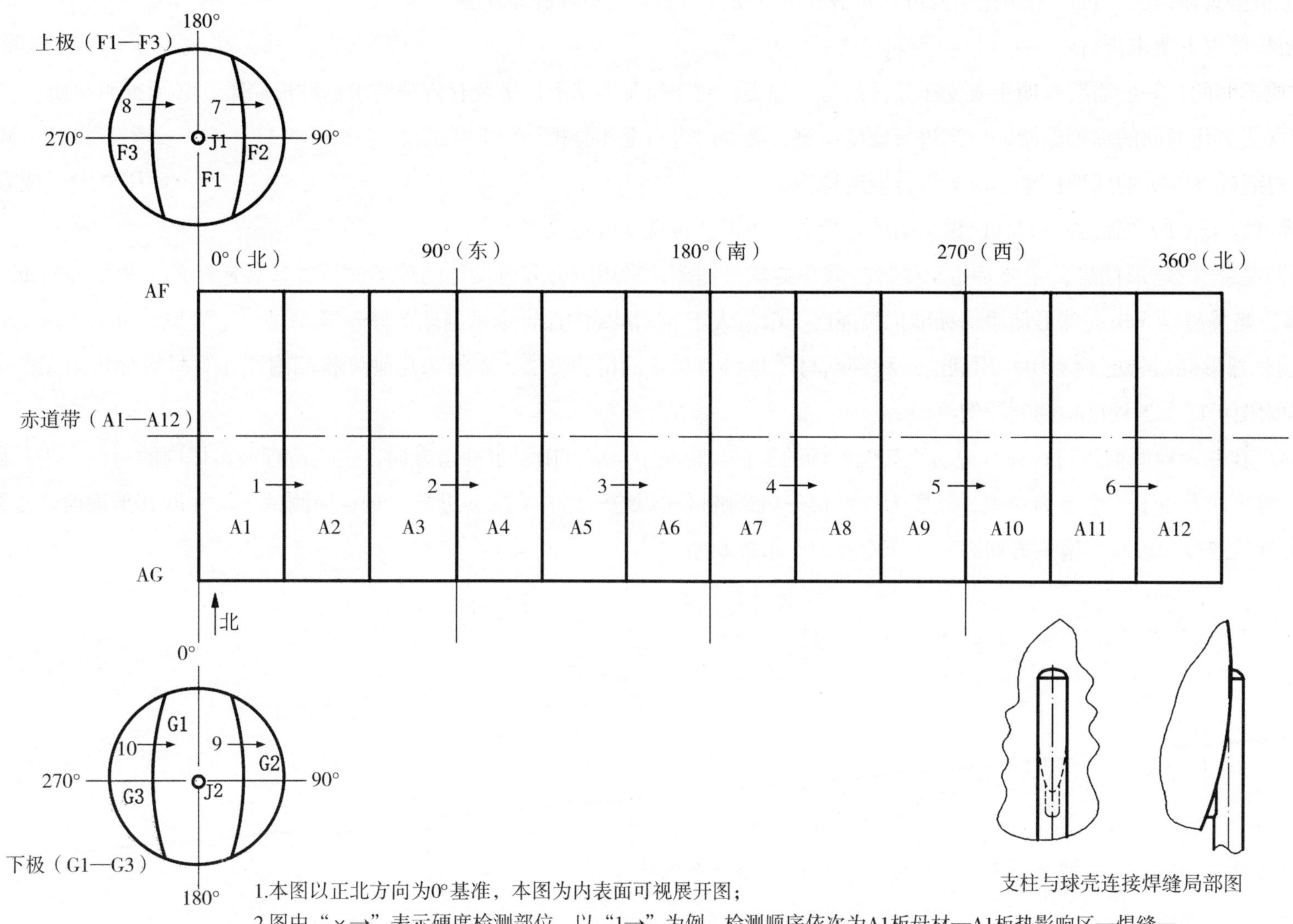

支柱与球壳连接焊缝局部图

1.本图以正北方向为0°基准，本图为内表面可视展开图；

2.图中“×→”表示硬度检测部位，以“1→”为例，检测顺序依次为A1板母材—A1板热影响区—焊缝—A2板热影响区—A2板母材，表述方式分别为HB1-1、HB1-2、HB1-3、HB1-4、HB1-5（若硬度单位为HB）。

材料分析

材料分析根据具体情况，可以采用化学分析、光谱分析、硬度检测、金相分析等方法。

材料分析按照以下要求进行：

（1）材质不明的，一般需要查明主要受压元件的材料种类；对于第Ⅲ类球形储罐及有特殊要求的球形储罐，必须查明材质。

（2）有材质劣化倾向的球形储罐，应当进行硬度检测，必要时进行金相分析。

（3）有焊缝硬度要求的球形储罐，应当进行硬度检测。

对于已经进行第（1）项检验，并且已做出明确处理的，不需要再重复检验该项。

注：有特殊要求的球形储罐，主要是指承受疲劳载荷的球形储罐，采用应力分析设计的球形储罐，盛装毒性危害程度为极度、高度危害介质的球形储罐，盛装易爆介质的球形储罐，标准抗拉强度下限值大于 540 MPa 的低合金钢制球形储罐等。

硬度检测是球形储罐检验检测中常用到的一种判断材质是否有劣化的检测方法，本书采用硬度检测附图作为材料分析附图的范例，其他材料分析方法的附图可以参考硬度检测的图例绘制。

硬度检测应在磁粉检测前进行，并且应防止其他磁场的干扰。检测中，应准确设定冲击方向，定期清理冲击体内的污物。进行硬度检测时，一般选择相邻两块球壳板上 5 个点为一组，顺序为：母材—热影响区—焊缝—热影响区—母材，每点应测试 3 次并取其平均值。一组硬度检测点使用一个箭头符号“→”表示，箭头方向表示硬度检测测点布置顺序。

第十三部分　400m³ 桔瓣式五带球罐

一、400m³ 桔瓣式五带球罐示意图

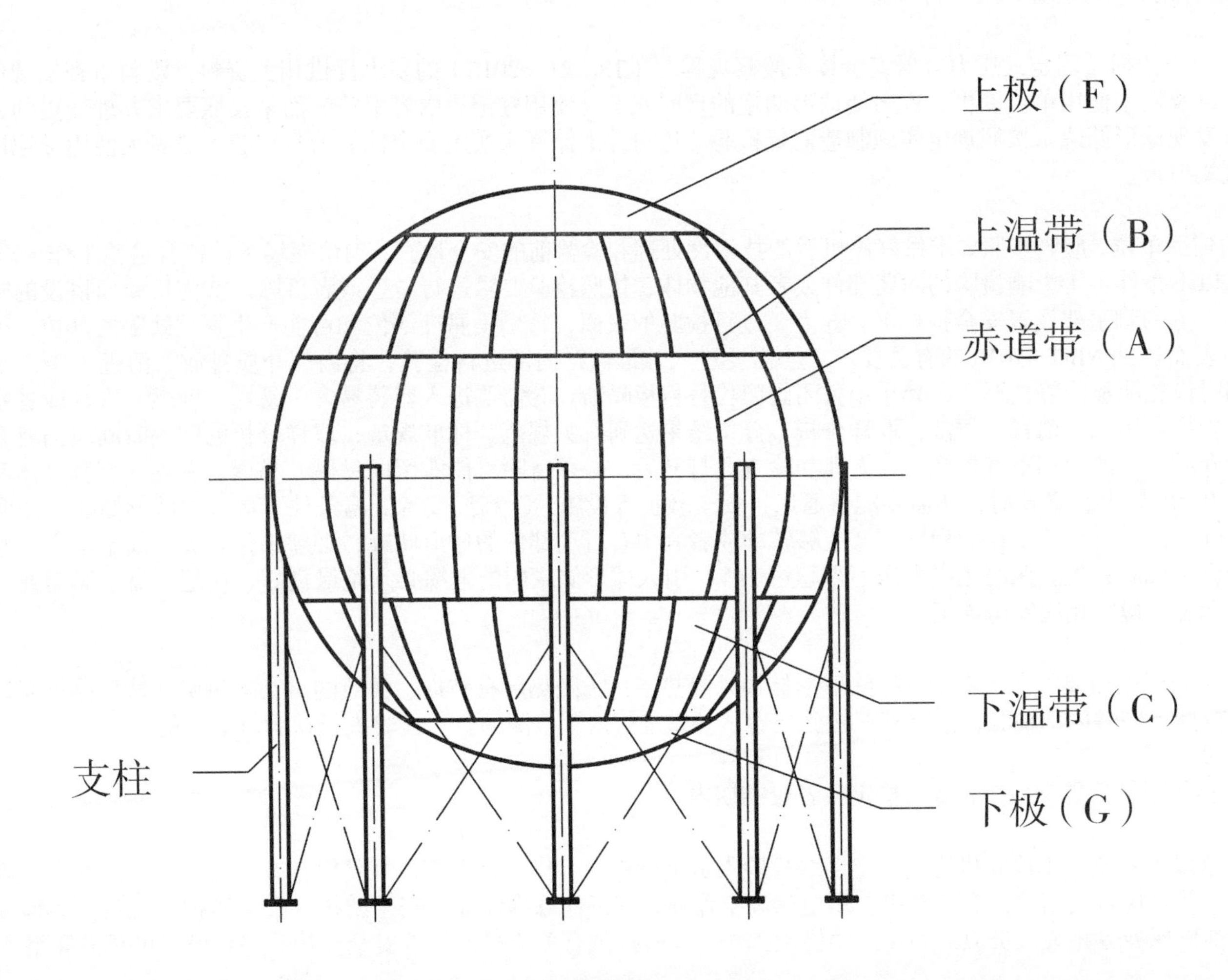

定期检验前的准备工作

1. 检验方案制订

检验前，检验机构应当根据球形储罐的使用情况、损伤模式及失效模式，依据《固定式压力容器安全技术监察规程》（TSG 21—2016）的要求制订检验方案，检验方案由检验机构技术负责人审查批准。球形储罐定期检验项目，以宏观检验、壁厚测定、表面缺陷检测、安全附件检验为主，必要时增加埋藏缺陷检测、材料分析、密封紧固件检验、强度校核、耐压试验、泄露试验等。对于有特殊情况的球形储罐的检验方案，检验机构应当征求使用单位的意见。

检验人员应当严格按照批准的检验方案进行检验工作。

2. 资料审查

检验前，使用单位应当依据《固定式压力容器安全技术监察规程》（TSG 21—2016）的要求提供相关资料。资料审查发现使用单位未按照要求对球形储罐进行年度检查，以及发生使用单位变更、更名使球形储罐的现时状况与使用登记表内容不符，而未按照要求办理变更的，检验机构应当向使用登记机关报告。资料审查发现球形储罐未按照规定实施制造监督检验（进口球形储罐未实施安全性能监督检验）或者无使用登记证，检验机构应当停止检验，并且向使用登记机关报告。

3. 现场条件要求

使用单位和相关的辅助单位，应当按照要求做好停机后的技术性处理和检验前的安全检查，确认现场条件符合检验工作要求，做好有关的准备工作。检验前，现场至少具备以下条件：①影响检验的附属部件或者其他物体，按照检验要求进行清理或者拆除。②为检验而搭设的脚手架、轻便梯等设施安全牢固（对离地面 2 m 以上的脚手架设置安全护栏）。③需要进行检验的表面，特别是腐蚀部位和可能产生裂纹缺陷的部位，彻底清理干净，露出金属本体；进行无损检测的表面达到 NB/T 47013 的有关要求。④需要进入球形储罐内部进行检验，将内部介质排放、清理干净，用盲板隔断所有液体、气体或者蒸气的来源，同时设置明显的隔离标志，禁止用关闭阀门代替盲板隔断。⑤需要进入盛装易燃、易爆、助燃、毒性或者窒息性介质的球形储罐内部进行检验，必须进行置换、中和、消毒、清洗，取样分析，分析结果达到有关规范、标准规定；取样分析的间隔时间应当符合使用单位的有关规定；盛装易燃、易爆、助燃介质的，严禁用空气置换。⑥人孔和检查孔打开后，必须清除可能滞留的易燃、易爆、有毒、有害气体和液体，球形储罐内部空间的气体含氧量保持在 0.195 以上；必要时，还需要配备通风、安全救护等设施。⑦高温或者低温条件下运行的球形储罐，按照操作规程的要求缓慢地降温或者升温，使之达到可以进行检验工作的程度。⑧能够转动或者其中有可动部件的球形储罐，必须锁住开关，固定牢靠。⑨切断与球形储罐有关的电源，设置明显的安全警示标志；检验照明用电电压不得超过 24V，引入球形储罐内的电缆必须绝缘良好、接地可靠。⑩需要现场进行射线检测时，隔离出透照区，设置警示标志，遵守相应安全规定。

4. 隔热层拆除

存在以下情况时，应当根据需要部分或者全部拆除球形储罐外隔热层：①隔热层有破损、失效的。②隔热层下球形储罐壳体存在腐蚀或者外表面开裂可能性的。③无法进行球形储罐内部检验，需要外壁检验或者从外壁进行内部检测的。④检验人员认为有必要的。

5. 设备仪器检定校准

检验用的设备、仪器和测量工具应当在有效的检定或者校准期内。

6. 检验工作安全要求

进行检验时应当注意以下安全：①检验机构应当定期对检验人员进行检验工作安全教育，并且保存教育记录。②检验人员确认现场条件符合检验工作要求后方可进行检验，并且执行使用单位有关动火、用电、高空作业、球形储罐内作业、安全防护、安全监护等规定。③检验时，使用单位球形储罐安全管理人员、作业和维护保养等相关人员应当到场协助检验工作，及时提供有关资料，负责安全监护，并且设置可靠的联络方式。

二、400m³ 桔瓣式五带球罐展开图

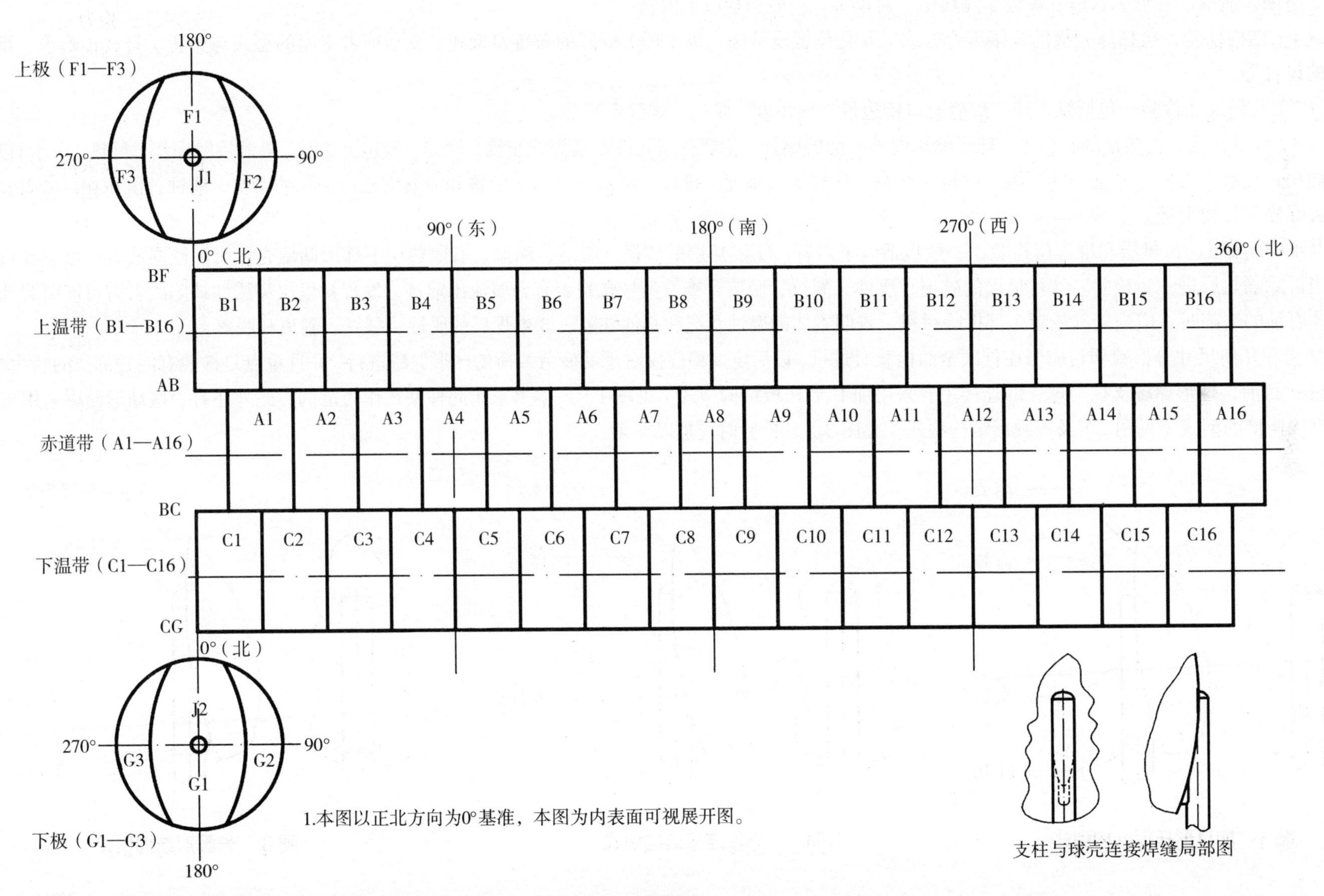

1.本图以正北方向为0°基准，本图为内表面可视展开图。

宏观检验

宏观检验主要是采用目视方法（必要时利用内窥镜、放大镜或者其他辅助仪器设备、测量工具）检验球形储罐本体结构、几何尺寸、表面情况（如裂纹、腐蚀、泄漏、变形），以及焊缝、隔热层、衬里等，一般包括以下内容：

（1）结构检验，包括球壳板的连接组合方式、开孔位置及补强、纵（环）焊缝的布置及型式、支承或者支座的型式与布置、排放（疏水、排污）装置的设置等。

（2）几何尺寸检验，包括纵（环）焊缝对口错边量、棱角度、咬边、焊缝余高等。

（3）外观检验，包括铭牌和标志，球形储罐内外表面的腐蚀，主要受压元件及其焊缝裂纹、泄漏、鼓包、变形、机械接触损伤、过热，工卡具焊迹、电弧灼伤，支承、支座或者基础的下沉、倾斜、开裂，支柱的铅垂度，排放（疏水、排污）装置和泄漏信号指示孔的堵塞、腐蚀、沉积物，密封紧固件及地脚螺栓完好情况等。

（4）隔热层、衬里层和堆焊层检验，一般包括以下内容：①隔热层的破损、脱落、潮湿，有隔热层下球形储罐壳体腐蚀倾向或者产生裂纹可能性的应当拆除隔热层进一步检验。②衬里层的破损、腐蚀、裂纹、脱落，查看信号孔是否有介质流出痕迹；发现衬里层穿透性缺陷或者有可能引起球形储罐本体腐蚀的缺陷时，应当局部或者全部拆除衬里，查明本体的腐蚀状况和其他缺陷。③堆焊层的腐蚀、裂纹、剥离和脱落。

结构和几何尺寸等检验项目应当在首次全面检验时进行，以后定期检验仅对承受疲劳载荷的球形储罐进行，并且重点是检验有问题部位的新生缺陷。

注：目前，球形储罐支柱与球壳的连接主要采用加U形托板结构型式（见图1），本书采用此种型式作为范例，此外还有一些球形储罐采用支柱与球壳直接连接的型式（见图2）及长圆形结构型式（见图3），检验时应加以甄别。

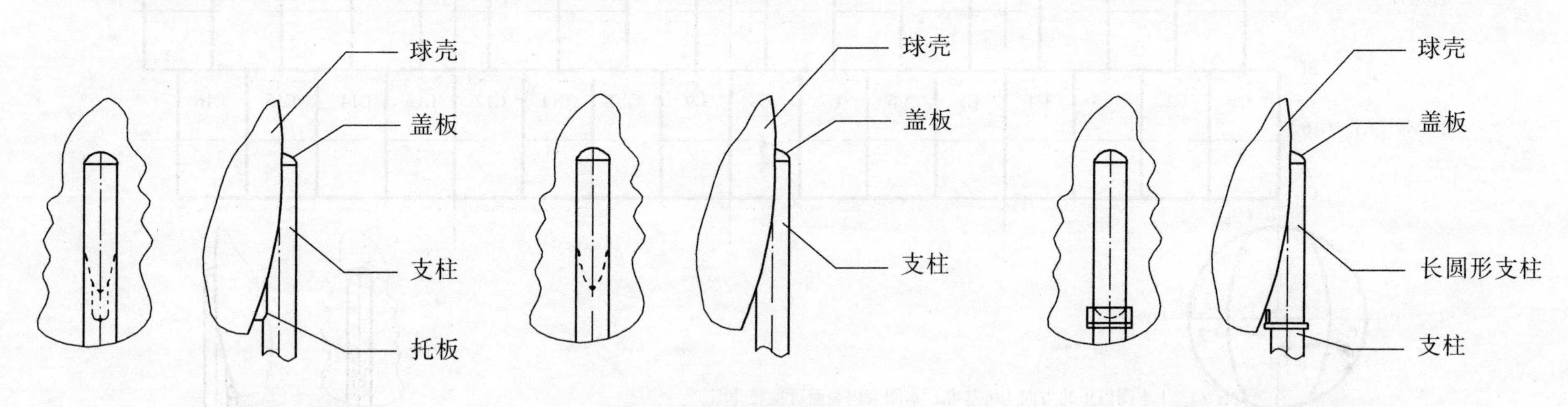

图1　加U形托板结构型式　　图2　直接连接结构型式　　图3　长圆形结构型式

三、400m³ 桔瓣式五带球罐壁厚测定球壳板测厚图

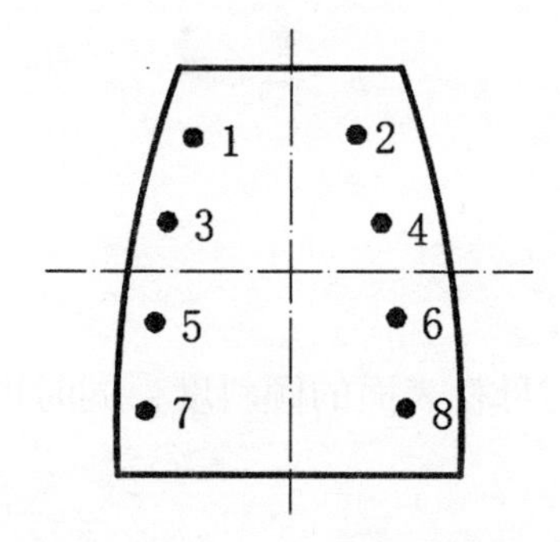

上温带板（B1—B16）测厚点位置图

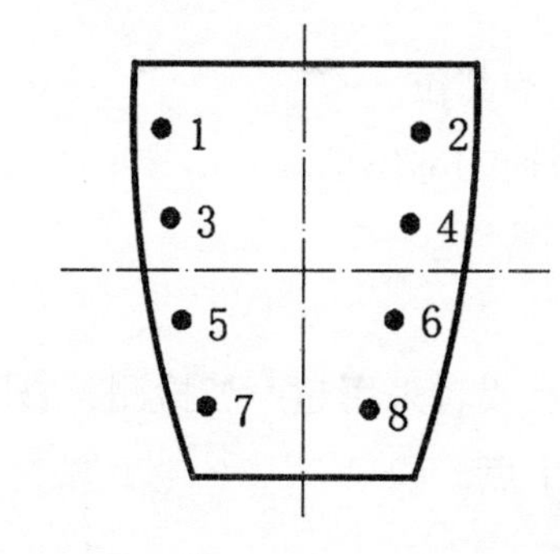

下温带板（C1—C16）测厚点位置图

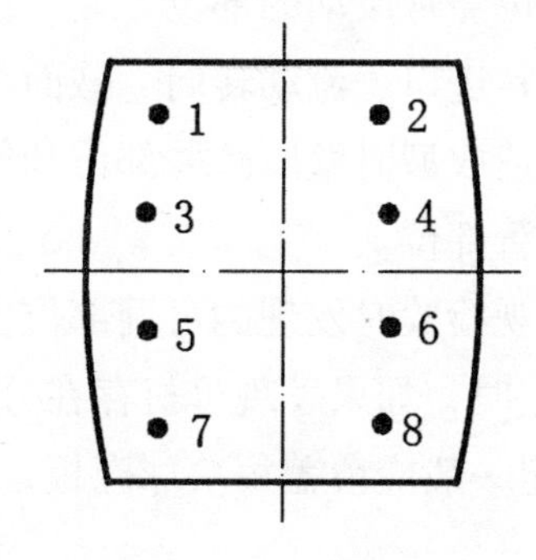

赤道板（A1—A16）测厚点位置图

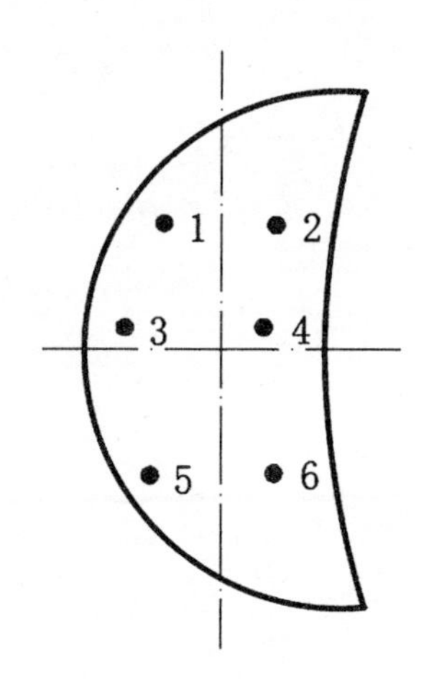

上极侧板 F3、下极侧板 G3 测厚点位置图

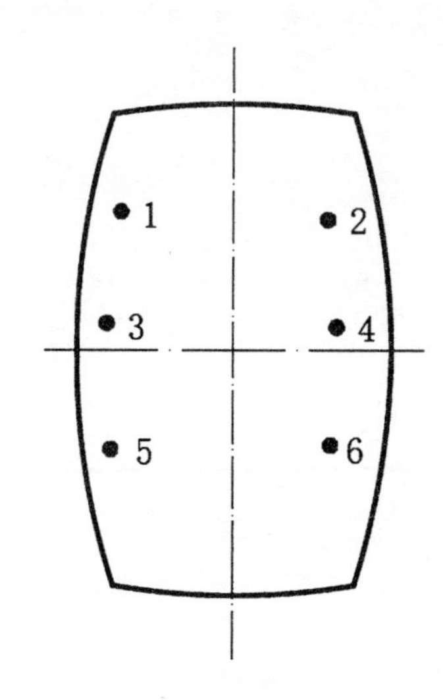

上极中板 F1、下极中板 G1 测厚点位置图

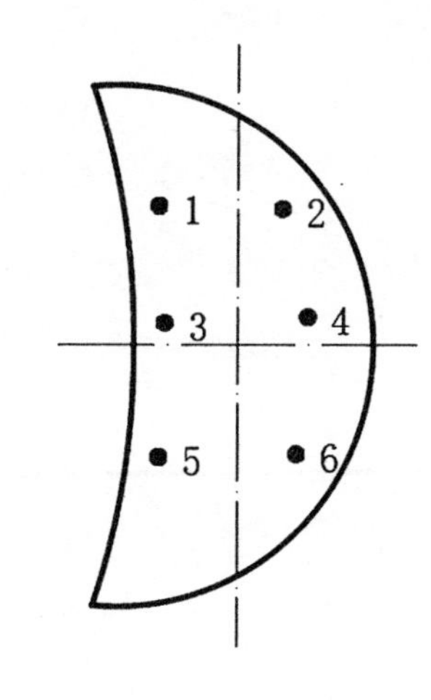

上极侧板 F2、下极侧板 G2 测厚点位置图

壁厚测定

壁厚测定，一般采用超声波测厚方法。测定位置应当有代表性，有足够的测点数。测定后标图记录，对异常测厚点做详细标记。

厚度测点，一般选择以下位置：

（1）液位经常波动的部位。

（2）物料进口、流动转向、截面突变等易受腐蚀、冲蚀的部位。

（3）制造成型时壁厚减薄部位和使用中易产生变形及磨损的部位。

（4）接管部位。

（5）宏观检验时发现的可疑部位。

壁厚测定时，如果发现母材存在分层缺陷，应当增加测点或者采用超声波检测，查明分层分布情况及与母材表面的倾斜度，同时做图记录。

壁厚测定一般应覆盖每块球壳板，每块板测厚不少于 6 个点。

四、400m³ 桔瓣式五带球罐无损检测附图

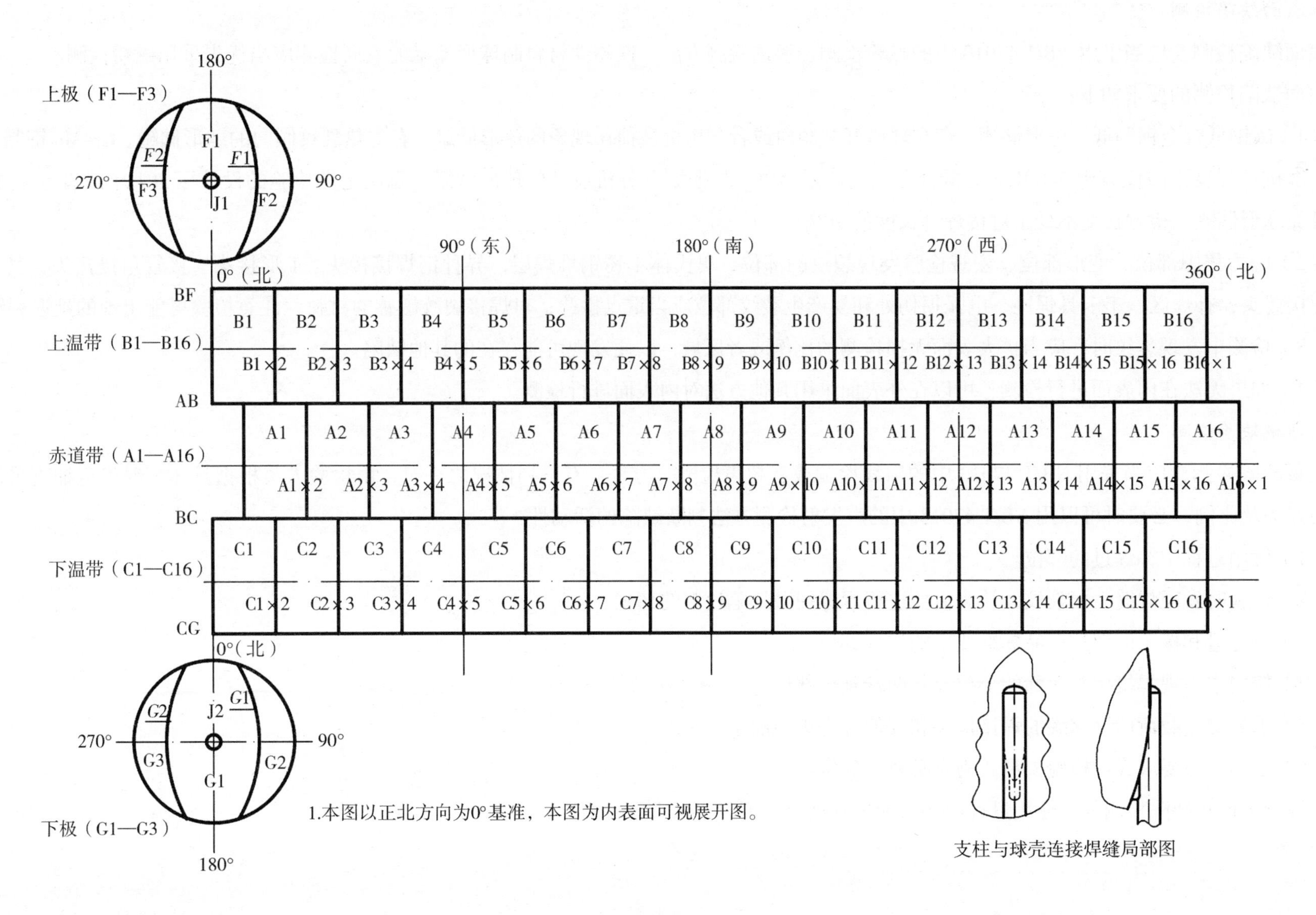

支柱与球壳连接焊缝局部图

无损检测

1. 表面缺陷检测

表面缺陷检测，应当采用 NB/T 47013 中的磁粉检测、渗透检测方法。铁磁性材料制球形储罐的表面检测应当优先采用磁粉检测。

表面缺陷检测的要求如下：

（1）碳钢低合金钢制低温球形储罐、存在环境开裂倾向或者产生机械损伤现象的球形储罐、有再热裂纹倾向的球形储罐、Cr–Mo 钢制球形储罐、标准抗拉强度下限值大于 540 MPa 的低合金钢制球形储罐、按照疲劳分析设计的球形储罐、首次定期检验的设计压力大于或者等于 1.6 MPa 的第Ⅲ类球形储罐，检测长度不少于对接焊缝长度的 20%。

（2）应力集中部位、变形部位、宏观检验发现裂纹的部位，奥氏体不锈钢堆焊层，异种钢焊接接头、T 形接头、接管角接接头、其他有怀疑的焊接接头，补焊区、工卡具焊迹、电弧损伤处和易产生裂纹部位应当重点检验；对焊接裂纹敏感的材料，注意检验可能出现的延迟裂纹。

（3）检测中发现裂纹时，应当扩大表面无损检测的比例或者区域，以便发现可能存在的其他缺陷。

（4）如果无法在内表面进行检测，可以在外表面采用其他方法对内表面进行检测。

2. 埋藏缺陷检测

埋藏缺陷检测，应当采用 NB/T 47013 中的射线检测或者超声检测等方法。有下列情况之一时，由检验人员根据具体情况确定抽查采用的无损检测方法及比例，必要时可以用 NB/T 47013 中的声发射检测方法判断缺陷的活动性：

（1）使用过程中补焊过的部位。

（2）检验时发现焊缝表面裂纹，认为需要进行焊缝埋藏缺陷检测的部位。

（3）错边量和棱角度超过产品标准要求的焊缝部位。

（4）使用中出现焊接接头泄漏的部位及其两端延长部位。

（5）承受交变载荷球形储罐的焊接接头和其他应力集中部位。

（6）使用单位要求或者检验人员认为有必要的部位。

已进行过埋藏缺陷检测的，使用过程中如果无异常情况，可以不再进行检测。

五、400m³桔瓣式五带球罐硬度检测附图

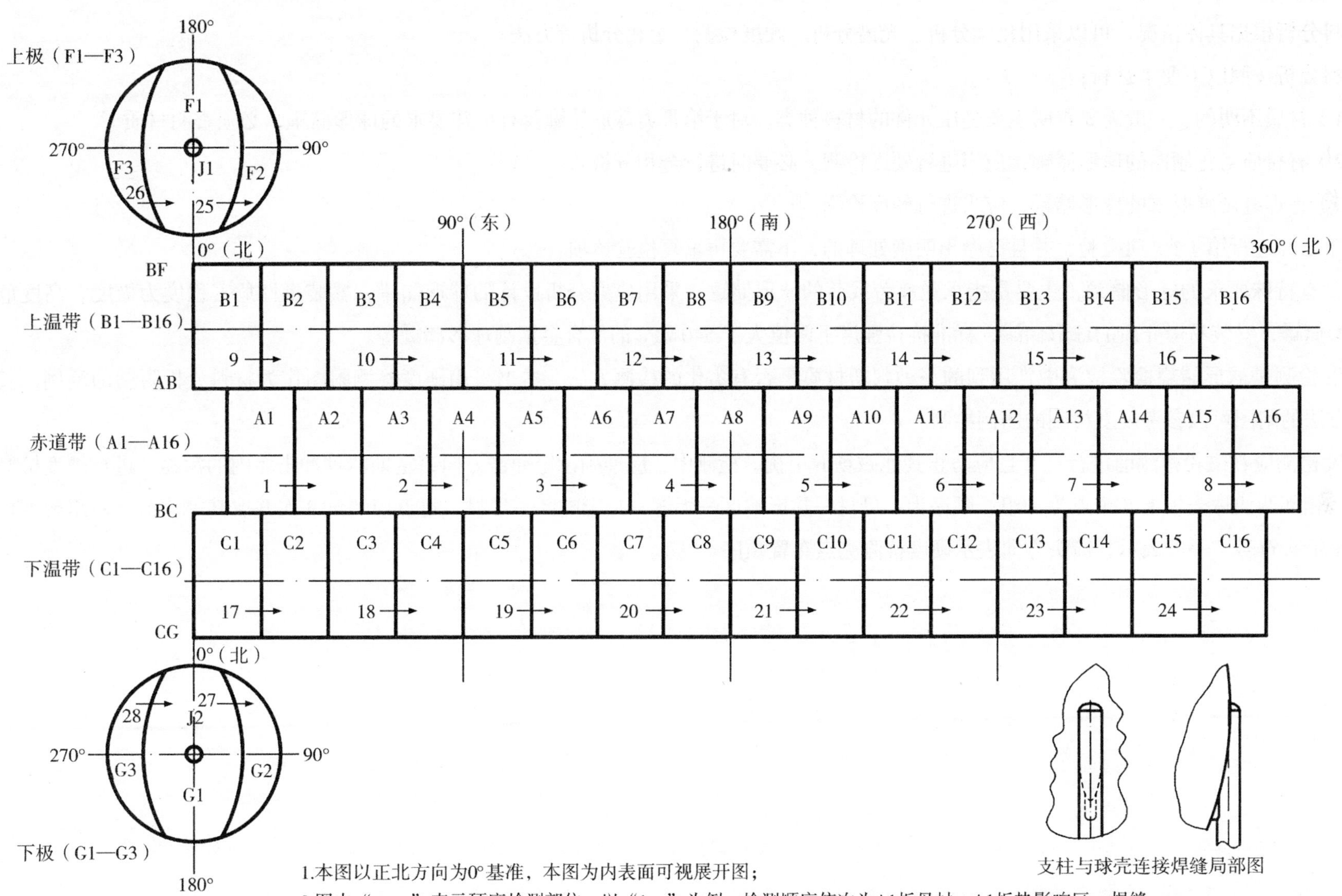

支柱与球壳连接焊缝局部图

1.本图以正北方向为0°基准，本图为内表面可视展开图；

2.图中“×→”表示硬度检测部位，以“1→”为例，检测顺序依次为A1板母材—A1板热影响区—焊缝—A2板热影响区—A2板母材，表述方式分别为HB1-1、HB1-2、HB1-3、HB1-4、HB1-5（若硬度单位为HB）。

材料分析

材料分析根据具体情况，可以采用化学分析、光谱分析、硬度检测、金相分析等方法。

材料分析按照以下要求进行：

（1）材质不明的，一般需要查明主要受压元件的材料种类；对于第Ⅲ类球形储罐及有特殊要求的球形储罐，必须查明材质。

（2）有材质劣化倾向的球形储罐，应当进行硬度检测，必要时进行金相分析。

（3）有焊缝硬度要求的球形储罐，应当进行硬度检测。

对于已经进行第（1）项检验，并且已做出明确处理的，不需要再重复检验该项。

注：有特殊要求的球形储罐，主要是指承受疲劳载荷的球形储罐，采用应力分析设计的球形储罐，盛装毒性危害程度为极度、高度危害介质的球形储罐，盛装易爆介质的球形储罐，标准抗拉强度下限值大于 540 MPa 的低合金钢制球形储罐等。

硬度检测是球形储罐检验检测中常用到的一种判断材质是否有劣化的检测方法，本书采用硬度检测附图作为材料分析附图的范例，其他材料分析方法的附图可以参考硬度检测的图例绘制。

硬度检测应在磁粉检测前进行，并且应防止其他磁场的干扰。检测中，应准确设定冲击方向，定期清理冲击体内的污物。进行硬度检测时，一般选择相邻两块球壳板上 5 个点为一组，顺序为：母材—热影响区—焊缝—热影响区—母材，每点应测试 3 次并取其平均值。一组硬度检测点使用一个箭头符号“→”表示，箭头方向表示硬度检测测点布置顺序。

第十四部分　1000m³ 桔瓣式五带球罐

一、1000m³ 桔瓣式五带球罐示意图

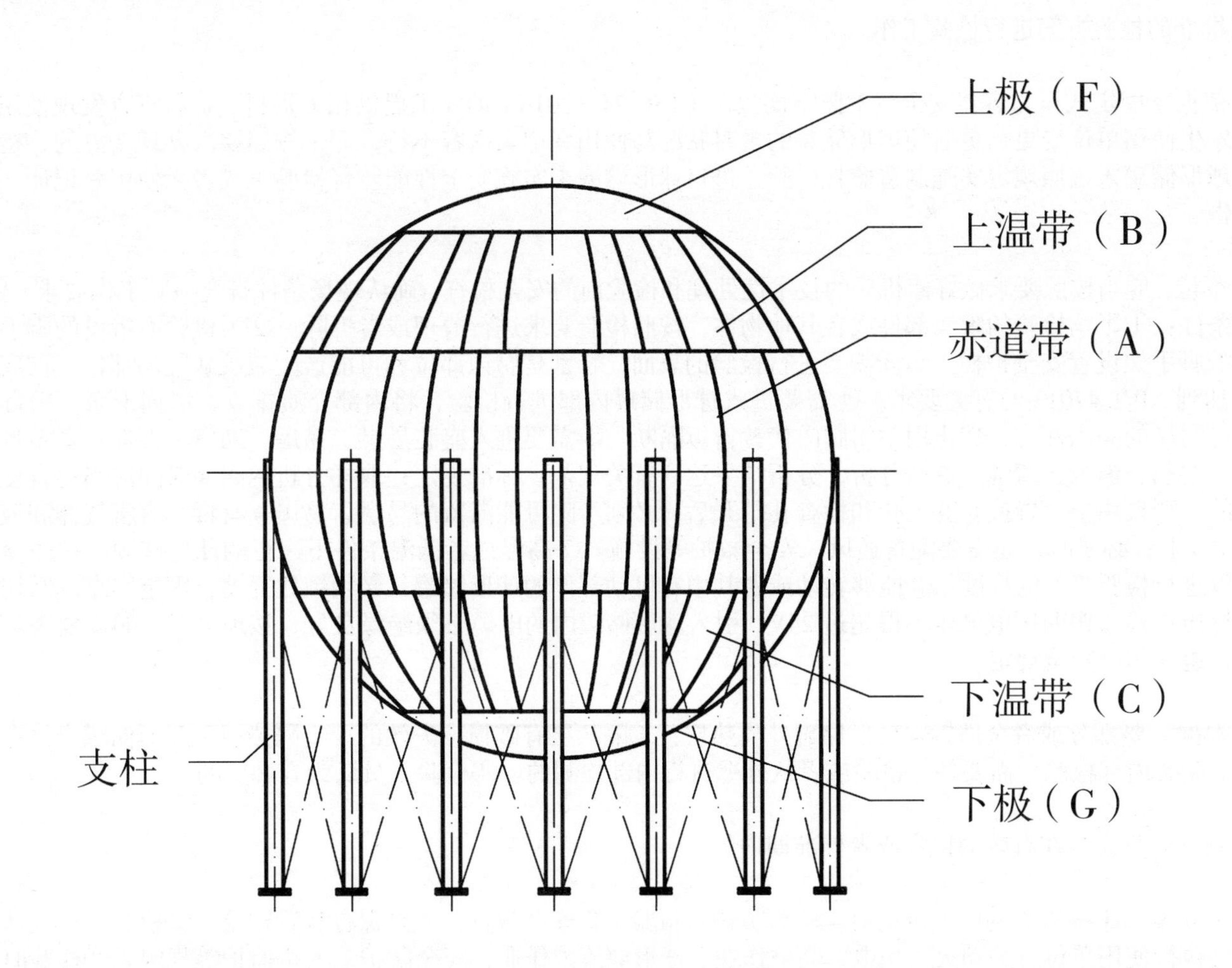

定期检验前的准备工作

1. 检验方案制订

检验前，检验机构应当根据球形储罐的使用情况、损伤模式及失效模式，依据《固定式压力容器安全技术监察规程》（TSG 21—2016）的要求制订检验方案，检验方案由检验机构技术负责人审查批准。球形储罐定期检验项目，以宏观检验、壁厚测定、表面缺陷检测、安全附件检验为主，必要时增加埋藏缺陷检测、材料分析、密封紧固件检验、强度校核、耐压试验、泄露试验等。对于有特殊情况的球形储罐的检验方案，检验机构应当征求使用单位的意见。

检验人员应当严格按照批准的检验方案进行检验工作。

2. 资料审查

检验前，使用单位应当依据《固定式压力容器安全技术监察规程》（TSG 21—2016）的要求提供相关资料。资料审查发现使用单位未按照要求对球形储罐进行年度检查，以及发生使用单位变更、更名使球形储罐的现时状况与使用登记表内容不符，而未按照要求办理变更的，检验机构应当向使用登记机关报告。资料审查发现球形储罐未按照规定实施制造监督检验（进口球形储罐未实施安全性能监督检验）或者无使用登记证，检验机构应当停止检验，并且向使用登记机关报告。

3. 现场条件要求

使用单位和相关的辅助单位，应当按照要求做好停机后的技术性处理和检验前的安全检查，确认现场条件符合检验工作要求，做好有关的准备工作。检验前，现场至少具备以下条件：①影响检验的附属部件或者其他物体，按照检验要求进行清理或者拆除。②为检验而搭设的脚手架、轻便梯等设施安全牢固（对离地面 2 m 以上的脚手架设置安全护栏）。③需要进行检验的表面，特别是腐蚀部位和可能产生裂纹缺陷的部位，彻底清理干净，露出金属本体；进行无损检测的表面达到 NB/T 47013 的有关要求。④需要进入球形储罐内部进行检验，将内部介质排放、清理干净，用盲板隔断所有液体、气体或者蒸气的来源，同时设置明显的隔离标志，禁止用关闭阀门代替盲板隔断。⑤需要进入盛装易燃、易爆、助燃、毒性或者窒息性介质的球形储罐内部进行检验，必须进行置换、中和、消毒、清洗，取样分析，分析结果达到有关规范、标准规定；取样分析的间隔时间应当符合使用单位的有关规定；盛装易燃、易爆、助燃介质的，严禁用空气置换。⑥人孔和检查孔打开后，必须清除可能滞留的易燃、易爆、有毒、有害气体和液体，球形储罐内部空间的气体含氧量保持在 0.195 以上；必要时，还需要配备通风、安全救护等设施。⑦高温或者低温条件下运行的球形储罐，按照操作规程的要求缓慢地降温或者升温，使之达到可以进行检验工作的程度。⑧能够转动或者其中有可动部件的球形储罐，必须锁住开关，固定牢靠。⑨切断与球形储罐有关的电源，设置明显的安全警示标志；检验照明用电电压不得超过 24V，引入球形储罐内的电缆必须绝缘良好、接地可靠。⑩需要现场进行射线检测时，隔离出透照区，设置警示标志，遵守相应安全规定。

4. 隔热层拆除

存在以下情况时，应当根据需要部分或者全部拆除球形储罐外隔热层：①隔热层有破损、失效的。②隔热层下球形储罐壳体存在腐蚀或者外表面开裂可能性的。③无法进行球形储罐内部检验，需要外壁检验或者从外壁进行内部检测的。④检验人员认为有必要的。

5. 设备仪器检定校准

检验用的设备、仪器和测量工具应当在有效的检定或者校准期内。

6. 检验工作安全要求

进行检验时应当注意以下安全：①检验机构应当定期对检验人员进行检验工作安全教育，并且保存教育记录。②检验人员确认现场条件符合检验工作要求后方可进行检验，并且执行使用单位有关动火、用电、高空作业、球形储罐内作业、安全防护、安全监护等规定。③检验时，使用单位球形储罐安全管理人员、作业和维护保养等相关人员应当到场协助检验工作，及时提供有关资料，负责安全监护，并且设置可靠的联络方式。

二、1000m^{3}桔瓣式五带球罐展开图

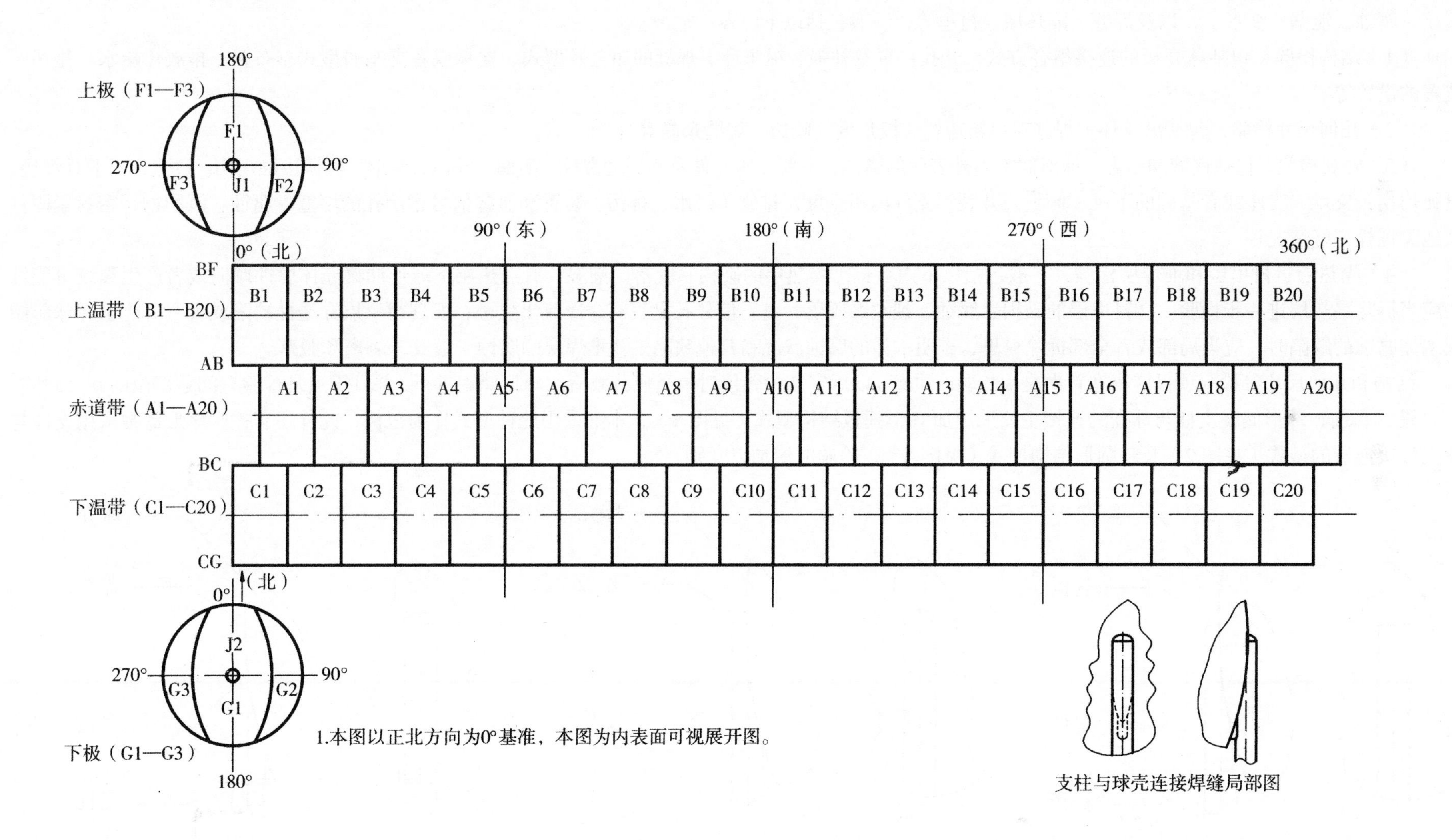

支柱与球壳连接焊缝局部图

宏观检验

宏观检验主要是采用目视方法（必要时利用内窥镜、放大镜或者其他辅助仪器设备、测量工具）检验球形储罐本体结构、几何尺寸、表面情况（如裂纹、腐蚀、泄漏、变形），以及焊缝、隔热层、衬里等，一般包括以下内容：

（1）结构检验，包括球壳板的连接组合方式、开孔位置及补强、纵（环）焊缝的布置及型式、支承或者支座的型式与布置、排放（疏水、排污）装置的设置等。

（2）几何尺寸检验，包括纵（环）焊缝对口错边量、棱角度、咬边、焊缝余高等。

（3）外观检验，包括铭牌和标志，球形储罐内外表面的腐蚀，主要受压元件及其焊缝裂纹、泄漏、鼓包、变形、机械接触损伤、过热，工卡具焊迹、电弧灼伤，支承、支座或者基础的下沉、倾斜、开裂，支柱的铅垂度，排放（疏水、排污）装置和泄漏信号指示孔的堵塞、腐蚀、沉积物，密封紧固件及地脚螺栓完好情况等。

（4）隔热层、衬里层和堆焊层检验，一般包括以下内容：①隔热层的破损、脱落、潮湿，有隔热层下球形储罐壳体腐蚀倾向或者产生裂纹可能性的应当拆除隔热层进一步检验。②衬里层的破损、腐蚀、裂纹、脱落，查看信号孔是否有介质流出痕迹；发现衬里层穿透性缺陷或者有可能引起球形储罐本体腐蚀的缺陷时，应当局部或者全部拆除衬里，查明本体的腐蚀状况和其他缺陷。③堆焊层的腐蚀、裂纹、剥离和脱落。

结构和几何尺寸等检验项目应当在首次全面检验时进行，以后定期检验仅对承受疲劳载荷的球形储罐进行，并且重点是检验有问题部位的新生缺陷。

注：目前，球形储罐支柱与球壳的连接主要采用加 U 形托板结构型式（见图 1），本书采用此种型式作为范例，此外还有一些球形储罐采用支柱与球壳直接连接的型式（见图 2）及长圆形结构型式（见图 3），检验时应加以甄别。

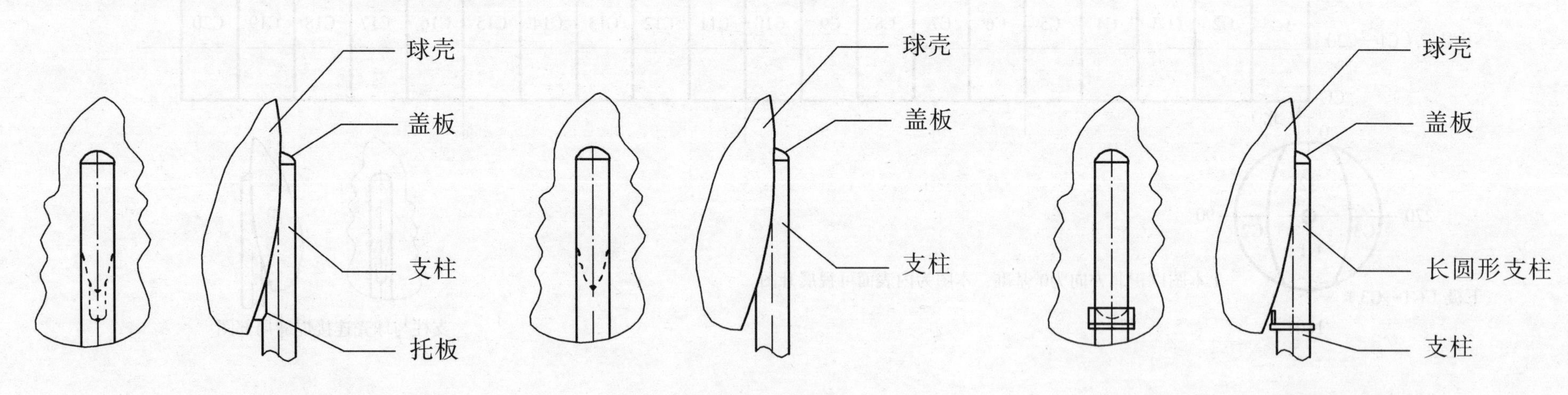

图 1　加 U 形托板结构型式　　图 2　直接连接结构型式　　图 3　长圆形结构型式

三、1000m³ 桔瓣式五带球罐壁厚测定球壳板测厚图

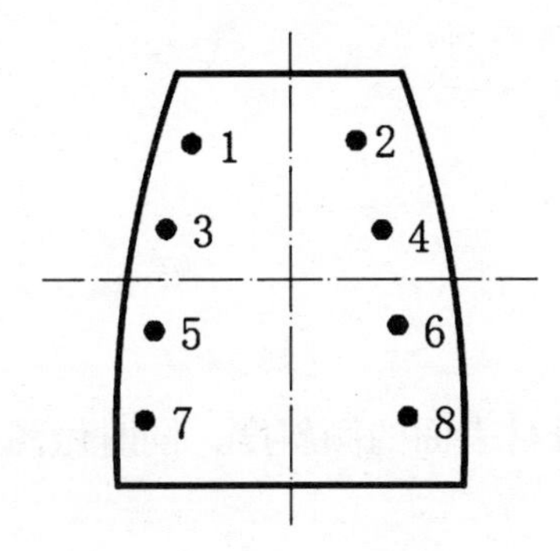

上温带板（B1—B20）测厚点位置图

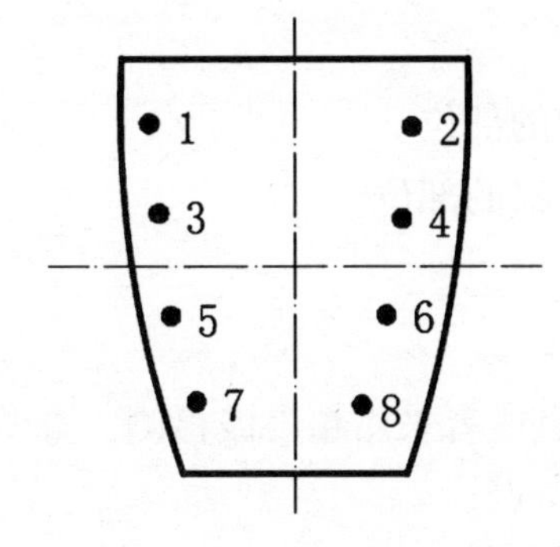

下温带板（C1—C20）测厚点位置图

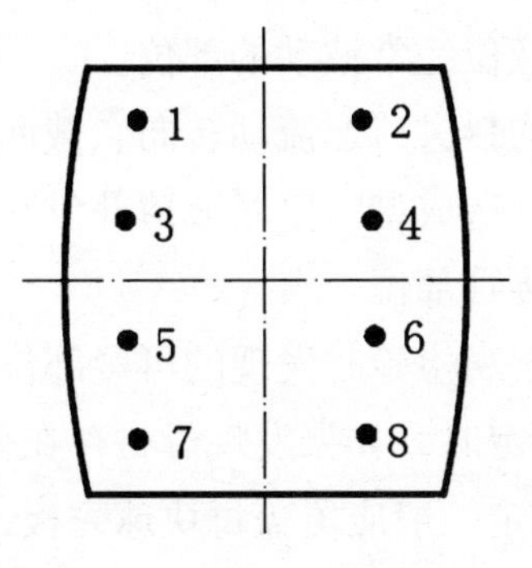

赤道板（A1—A20）测厚点位置图

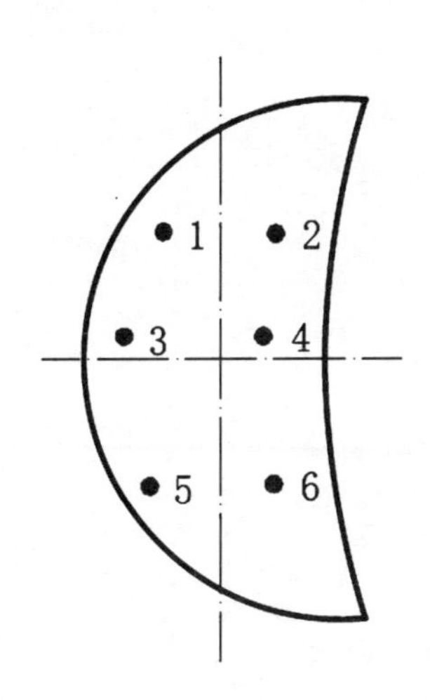

上极侧板 F3、下极侧板 G3 测厚点位置图

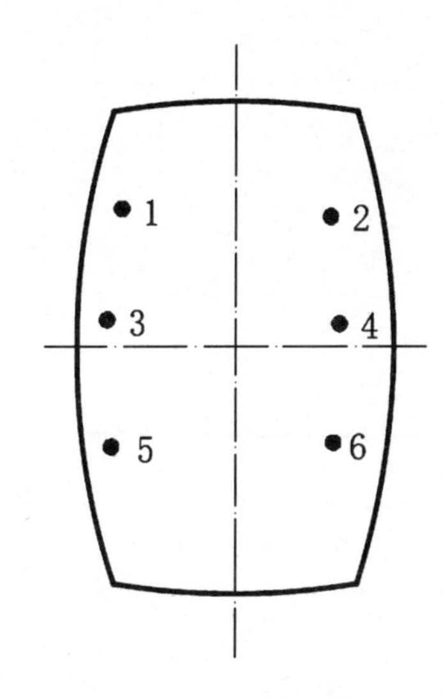

上极中板 F1、下极中板 G1 测厚点位置图

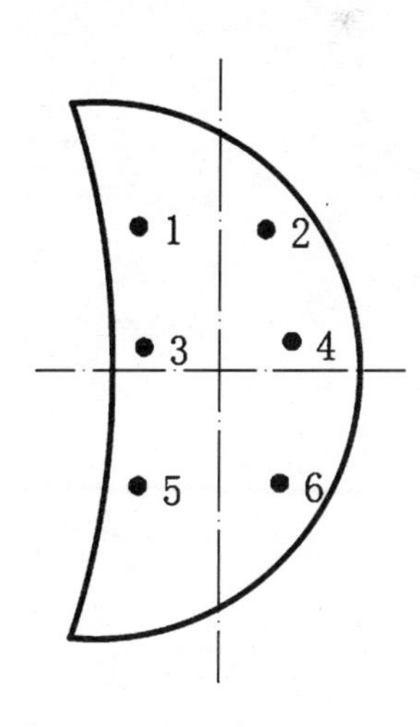

上极侧板 F2、下极侧板 G2 测厚点位置图

壁厚测定

壁厚测定，一般采用超声波测厚方法。测定位置应当有代表性，有足够的测点数。测定后标图记录，对异常测厚点做详细标记。

厚度测点，一般选择以下位置：

（1）液位经常波动的部位。

（2）物料进口、流动转向、截面突变等易受腐蚀、冲蚀的部位。

（3）制造成型时壁厚减薄部位和使用中易产生变形及磨损的部位。

（4）接管部位。

（5）宏观检验时发现的可疑部位。

壁厚测定时，如果发现母材存在分层缺陷，应当增加测点或者采用超声波检测，查明分层分布情况及与母材表面的倾斜度，同时做图记录。

壁厚测定一般应覆盖每块球壳板，每块板测厚不少于 6 个点。

四、1000m³桔瓣式五带球罐无损检测附图

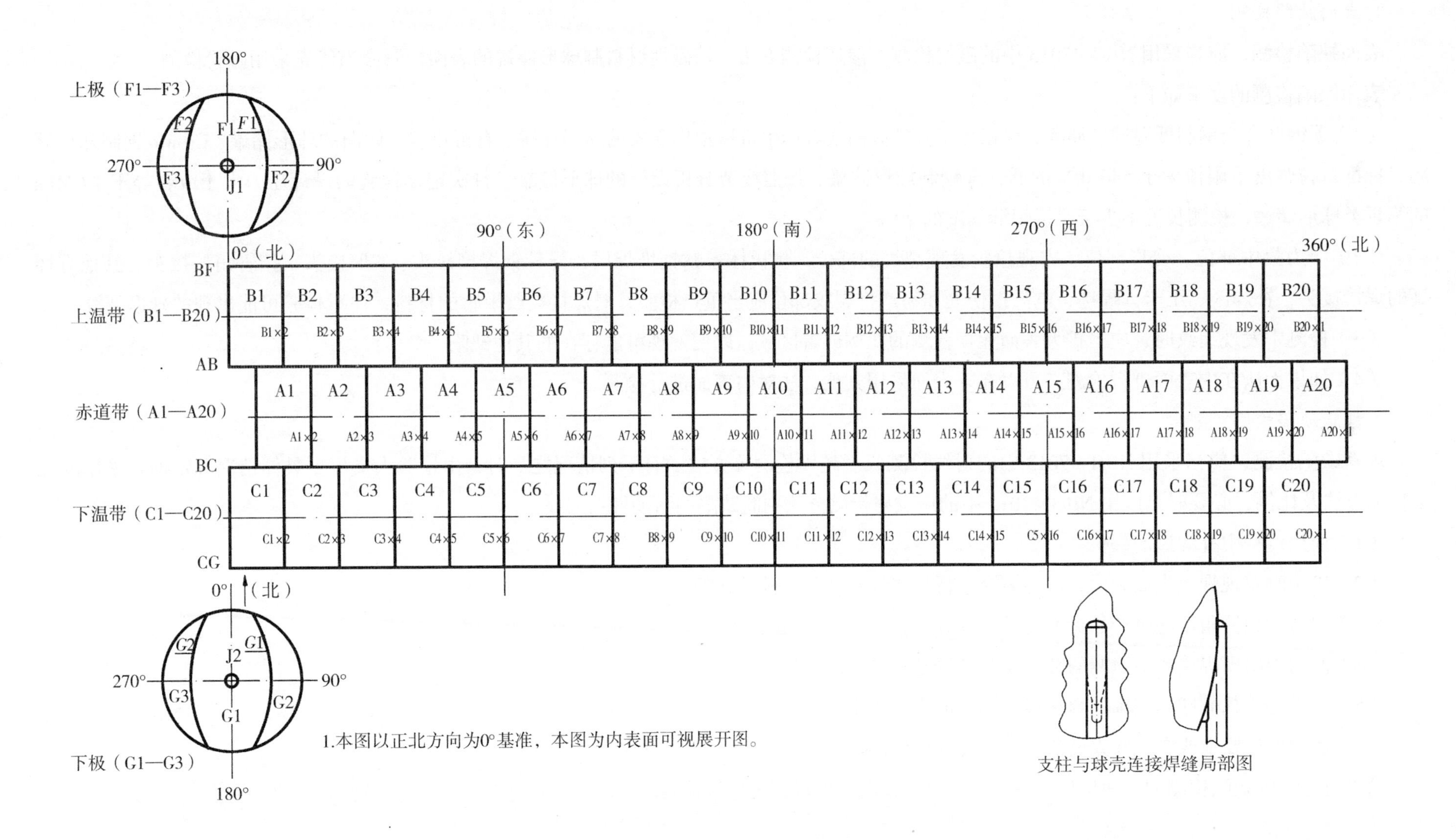

支柱与球壳连接焊缝局部图

1. 表面缺陷检测

表面缺陷检测，应当采用 NB/T 47013 中的磁粉检测、渗透检测方法。铁磁性材料制球形储罐的表面检测应当优先采用磁粉检测。

表面缺陷检测的要求如下：

（1）碳钢低合金钢制低温球形储罐、存在环境开裂倾向或者产生机械损伤现象的球形储罐、有再热裂纹倾向的球形储罐、Cr-Mo 钢制球形储罐、标准抗拉强度下限值大于 540 MPa 的低合金钢制球形储罐、按照疲劳分析设计的球形储罐、首次定期检验的设计压力大于或者等于 1.6 MPa 的第Ⅲ类球形储罐，检测长度不少于对接焊缝长度的 20%。

（2）应力集中部位、变形部位、宏观检验发现裂纹的部位，奥氏体不锈钢堆焊层，异种钢焊接接头、T 形接头、接管角接接头、其他有怀疑的焊接接头，补焊区、工卡具焊迹、电弧损伤处和易产生裂纹部位应当重点检验；对焊接裂纹敏感的材料，注意检验可能出现的延迟裂纹。

（3）检测中发现裂纹时，应当扩大表面无损检测的比例或者区域，以便发现可能存在的其他缺陷。

（4）如果无法在内表面进行检测，可以在外表面采用其他方法对内表面进行检测。

2. 埋藏缺陷检测

埋藏缺陷检测，应当采用 NB/T 47013 中的射线检测或者超声检测等方法。有下列情况之一时，由检验人员根据具体情况确定抽查采用的无损检测方法及比例，必要时可以用 NB/T 47013 中的声发射检测方法判断缺陷的活动性：

（1）使用过程中补焊过的部位。

（2）检验时发现焊缝表面裂纹，认为需要进行焊缝埋藏缺陷检测的部位。

（3）错边量和棱角度超过产品标准要求的焊缝部位。

（4）使用中出现焊接接头泄漏的部位及其两端延长部位。

（5）承受交变载荷球形储罐的焊接接头和其他应力集中部位。

（6）使用单位要求或者检验人员认为有必要的部位。

已进行过埋藏缺陷检测的，使用过程中如果无异常情况，可以不再进行检测。

五、1000m³ 桔瓣式五带球罐硬度检测附图

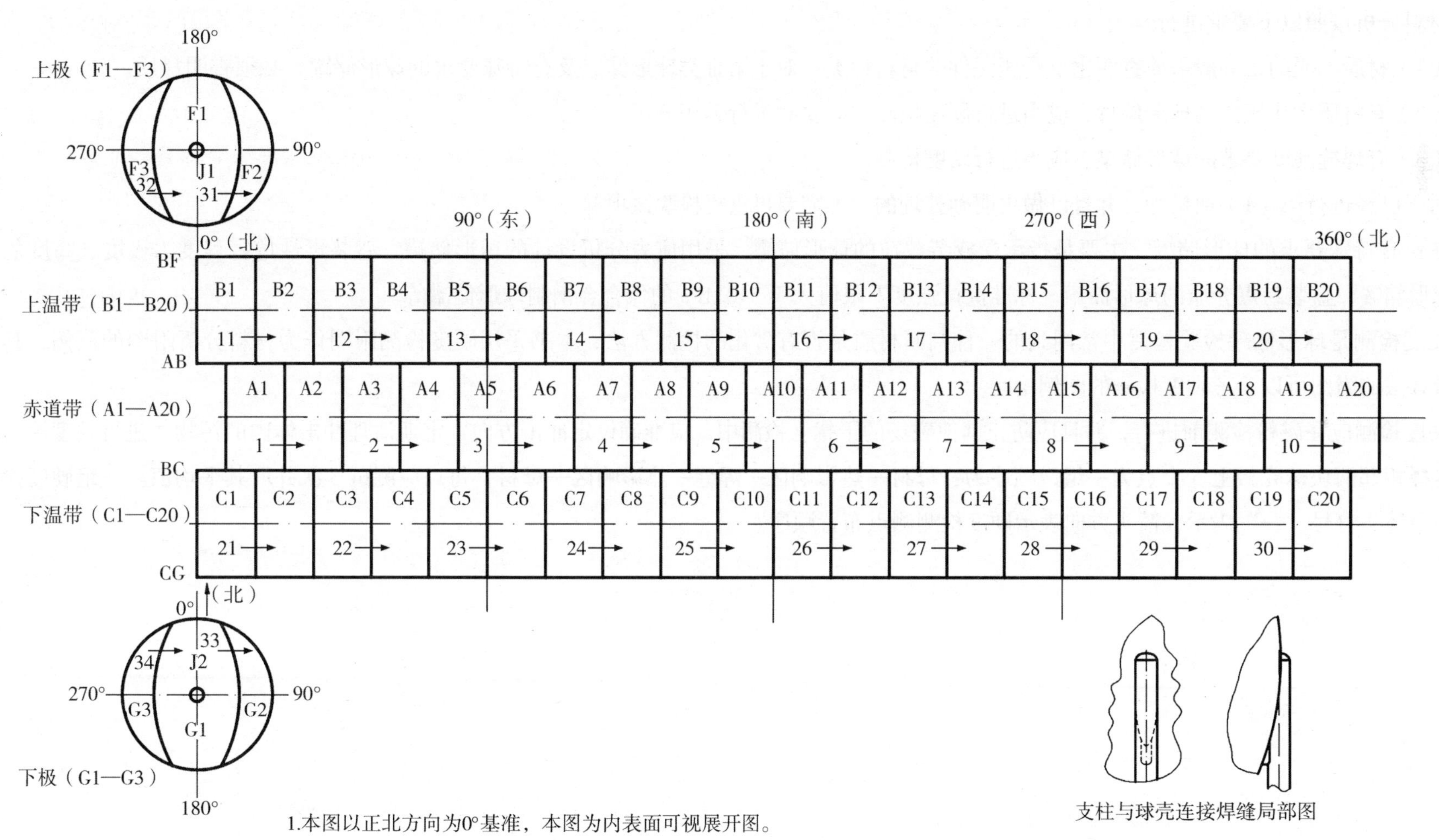

1.本图以正北方向为0°基准，本图为内表面可视展开图。

2.图中“×→”表示硬度检测部位，以“1→”为例，检测顺序依次为A1板母材—A1板热影响区—焊缝—A2板热影响区—A2板母材，表述方式分别为HB1-1、HB1-2、HB1-3、HB1-4、HB1-5（若硬度单位为HB）。

材料分析

材料分析根据具体情况，可以采用化学分析、光谱分析、硬度检测、金相分析等方法。

材料分析按照以下要求进行：

（1）材质不明的，一般需要查明主要受压元件的材料种类；对于第Ⅲ类球形储罐及有特殊要求的球形储罐，必须查明材质。

（2）有材质劣化倾向的球形储罐，应当进行硬度检测，必要时进行金相分析。

（3）有焊缝硬度要求的球形储罐，应当进行硬度检测。

对于已经进行第（1）项检验，并且已做出明确处理的，不需要再重复检验该项。

注：有特殊要求的球形储罐，主要是指承受疲劳载荷的球形储罐，采用应力分析设计的球形储罐，盛装毒性危害程度为极度、高度危害介质的球形储罐，盛装易爆介质的球形储罐，标准抗拉强度下限值大于540 MPa的低合金钢制球形储罐等。

硬度检测是球形储罐检验检测中常用到的一种判断材质是否有劣化的检测方法，本书采用硬度检测附图作为材料分析附图的范例，其他材料分析方法的附图可以参考硬度检测的图例绘制。

硬度检测应在磁粉检测前进行，并且应防止其他磁场的干扰。检测中，应准确设定冲击方向，定期清理冲击体内的污物。进行硬度检测时，一般选择相邻两块球壳板上5个点为一组，顺序为：母材—热影响区—焊缝—热影响区—母材，每点应测试3次并取其平均值。一组硬度检测点使用一个箭头符号“→”表示，箭头方向表示硬度检测测点布置顺序。